绿化造景与绿地的养护管理

南京市园林局
南京市绿化委员会办公室
南京园林学会

中国建筑工业出版社

图书在版编目（CIP）数据

绿化造景与绿地的养护管理/南京市园林局，南京市绿化委员会办公室，南京园林学会．—北京：中国建筑工业出版社，2013.4
ISBN 978-7-112-14993-3

Ⅰ.①绿… Ⅱ.①南…②南…③南… Ⅲ.①绿化－景观设计②园林－绿化地－植物保护 Ⅳ.①TU986

中国版本图书馆CIP数据核字（2012）第298128号

责任编辑：张　建
责任校对：姜小莲　赵　颖

本书编委会

主　任：李　蕾
主　编：刁慧琴
副主编：孙德龙　孙玉珍
编　委：金卫平　夏继超

绿化造景与绿地的养护管理
南京市园林局
南京市绿化委员会办公室
南京园林学会
*
中国建筑工业出版社出版、发行（北京西郊百万庄）
各地新华书店、建筑书店经销
北京嘉泰利德公司制版
北京盛通印刷股份有限公司印刷
*
开本：880×1230毫米　1/16　印张：10¾　字数：386千字
2013年6月第一版　　2013年6月第一次印刷
定价：68.00元
ISBN 978-7-112-14993-3
　　　　（23062）

序

古都南京是山、水、城、林融为一体的美丽城市，是历史文化积淀深厚的和谐之都。改革开放三十年来，特别是近几年，南京的绿化工作取得了可喜的成绩，这与市委、市政府的领导和有关部门的大力支持，以及广大园林工作者的辛勤劳动是分不开的。创建国家生态园林城市和现代化国际性人文绿都，给全市人民营造一个更加有序、整洁、舒适、美丽、文明的生存环境，任重道远，仍需全社会的共同努力。

近几年市园林局和市绿委办委托南京园林学会组织部分专家对公园、市民广场、居住小区等园林绿地进行了调研、检查和分析。我们深感还要进一步全面落实科学发展观，大力提倡并实施建设节约型园林绿化；园林绿化景观设计、工程施工和绿化养护管理方面的先进理论指导还有待加强；高素质、经验丰富的工程技术人员还要加速培养；绿化组团中的生物多样性和生态系统性、适地适树等还有待进一步深入落实；园林植物配置的科学性和艺术性也有待提高……。为此，特编写本书供大家参考。

本书按照建设生态园林城市的要求，通过众多实例介绍，阐述和强调了树种选择的多样性和适应性；园林植物的配置和景观艺术；植物与建筑、园路、水体、山石配置的协调性；树木花卉、草坪地被等植物的整形修剪、病虫害防治；以及环境卫生、文物保护、园景的充实调整等工作，以提高绿地的养护质量和等级水平，创造出尊重自然、尊重地方特色的城市景观，不断完善南京市绿地系统规划，以建设可持续发展的生态园林城市为目标，实现人和自然的和谐共生。

一个鲜花悦目、绿荫满城、山清水秀、风景宜人的美丽南京将靠我们的智慧和汗水来创建！

南京园林学会

前言

园林植物生态配置即利用乔木、灌木、藤本以及草本等植物，通过艺术的手法，充分发挥植物本身形态、线条、色彩等自然美，创造植物景观，供人们观赏，使植物既能与环境很好地适应和融合，又能使植物间达到良好的协调关系，最大限度地发挥植物群体的生态效应——净化环境，改善小气候，缓解各种灾害，休闲娱乐等。

植物配置有其生物学、生态学、美学的含义，包括景观配置方式，群体栽培中的水平结构、垂直结构、树种搭配等，是一项很复杂的综合技术。配置中必须解决好物种间、植株间、植物与环境、植物与景观的关系，必须熟练掌握园林植物生态学和生物学特性，运用美学理论，根据不同环境、功能、景观及经济等要求综合考虑。

园林植物栽培养护是保存绿化成果，充分发挥园林植物的各种功能，保持园林绿化景观可持续发展的有效手段和措施，其涉及园林植物的选择、配置、栽植和养护的各种技术与措施，是园林工作者都应掌握的一门技术。

南京园林学会从 1999 年开始，就参与南京市开展的星级园林活动的检查评比工作。经过多年的调查及经验积累，总结了当前在绿化建设和养护管理中存在的问题：如一些单位重视规划设计和施工，忽视养护管理；或由于缺乏技术精湛的设计、施工和养护队伍，使得园林绿化很难达到预期的目标和效果。其一是植物品种单调，选择树种不够科学，植物配置不够合理；有的热衷于栽植大树、栽植常绿树种和常绿草坪，过多地使用色块。二是绿地中缺少乔木，苗木规格小，绿化气氛不浓，绿视率低；或者种植密度过大，栽植乔木不规范，甚至任意抬高地面栽植。三是树木生长差，管理不到位；行道树、绿篱、色块植物中缺株较多；缺乏树木修剪和病虫害防治知识。四是花坛换花不及时，一二年生草花使用多，而多年生宿根花卉应用少，花境植物配置和管理水平低；水生花卉配置缺乏艺术性，水面卫生差。五是黄土裸露多，草坪不平整，推剪不及时，草坪中杂草多；有些草坪退化严重，需要更新和改造。六是假山石堆叠和置石缺乏艺术性。七是养护管理资金不足，管理人员不够落实，或者缺乏养护管理的专业知识和技术。

为了建设节约型城市园林绿化，促进本市绿化建设的可持续发展，加强绿化行业的管理，提高绿化养护质量和等级水平；我们在认真总结近年来绿化实践经验并参照国内外相关技术和标准的基础上，编写此书。

本书阐述了如何进行园林植物的造景和养护管理，整合了绿化造景与绿地养护管理的各个因素，按使用者的要求涵盖各个方面的内容。包括园林绿地中树木、花卉、草坪、地被植物、山石及组合造景；绿地中各种植物的修剪、病虫害防治、绿地保洁等养护管理技术及标准；并汇集了公园、风景区、市民广场、居住小区、机关学校、道路等绿地景观布置及养护管理方面的照片共770余张，尽力做到内容丰富，实用性强，以供广大园林工作者参考。

由于我们的水平有限，书中错误难免，恳请读者批评指正。

2012 年 8 月

目录

第三章 草坪与地被植物

第四章 观赏花木的整形修剪

第五章 园林植物主要病虫害及其防治

第六章 园林绿地的养护管理

第 一 章
园林植物的选择与生态配置

园林植物的选择介绍适地适树及植物选择的原则和要求。即以乡土树种为主，适当引进外来树种；满足各种绿地的特定功能要求；制定合理的乔木与灌木、落叶树与常绿树的比例。

园林植物的生态配置就是将所选用的植物材料进行科学、艺术的组合，以满足各种功能和审美要求，创造出生机盎然的意境和景观。具体应依据以下原则和要求：即满足植物的生态要求（光、水分、土壤），符合植物种间关系，充分发挥植物本身的美以及植物与建筑、园路、水体、山石配置的协调性。

第一节 园林植物的选择

一、适地适树

"树"是指各种园林植物;"地"是指立地条件。立地条件包括气候、土壤、地形、水文、生物和人为活动等自然环境因子的综合。适地适树就是使园林植物的生物学、生态学及观赏特性和立地条件相适应,也就是说,将植物栽在最适宜它生长的地方,以充分发挥植物的最大生长潜力、生态效益与观赏功能。这是园林植物栽培的基本原则,是栽培管理工作的基础。

在"树"和"地"之间发生较大矛盾时,适时地采取措施,调整它们之间的相互关系,变不适为较适,变较适为最适,使植物的生长发育沿着稳定的方向发展。如整地、换土、灌溉、排水、施肥、遮荫、覆盖等都是改善立地条件的有力措施,使之适合于树木生长。

要做到适地适树,就必须充分了解"地"与"树"的特性,找出立地条件与植物生态要求的差异,选择最适宜的园林植物。

首先要了解栽植地区的气候条件,特别是温度与降水情况。在树木的地带分布中,都有中心分布区和边缘分布区。在同一气候带内,土壤条件与树木生长的关系极为密切。树种不同,对土壤条件的要求也不同。在土壤条件中影响树种选择的主要因素是土壤的养分、水分、酸度及盐渍化程度等。大多数树种在水分过多时生长不良,积水会引起死亡,如雪松。但柳树、枫杨、乌桕、池杉、墨西哥落羽杉、中山杉等,可以在低洼潮湿的地方生长。贫瘠干旱处应选择耐干旱瘠薄的植物,如松、柏、刺槐、臭椿等。一般树种在微酸性(pH5.5~6.5)及中性(pH7.0左右)土壤中生长较好。山茶花、杜鹃、栀子花适宜在酸性土壤中生长。靠近工厂污染源的地区,应选用抗污染能力强的植物,如丝兰、大叶黄杨、女贞、夹竹桃等。此外,土壤条件还要考虑排水状况。

二、植物的选择

植物不同,其生态学特性各异。树种选择适当与否是造景成败的关键之一。树种选择适当,立地或生境条件能满足它的要求,树木就能正常生长和发育,不断发挥其功能效益。反之,树种如果选择不当,就会栽不活或成活率低,或生长不良,未老先衰。从某种意义上讲,树木越老,价值越高;因此,树种的选择可以说是百年大计。但是近些年刮的大树风,一味追求"立地成景"的绿化效果,既破坏了树木原生地的生态环境,又使许多大树生长不良,甚至死亡。不少大树大枝被锯,树形严重遭受破坏,即使成活也难于成形(图1.1~图1.3)。

图1.1 接近死亡的桂花大树

图1.2 姿形受损的桂花大树

图1.3 姿形受损的加拿利海枣大树

园林植物的选择一方面是要考虑植物的生态学特性,要适地选择;另一方面要使植物最大限度地满足生态与观赏效果,即功能的需要。满足树种功能的需要是目的,适地适树是达到此目的的手段和前提。

各种植物的观赏价值不同,在进行植物选择时,既要选用不同层次、各种色彩的乔、灌、草上下相结合,花期合理搭配,达到彩化、美化和绿化的目的,又要使立地和树种相适应(图1.4~图1.9)。

图1.4 耐水湿的池杉

图1.5 耐水湿的墨西哥落羽杉

图1.6 河边坡地种植的云南黄馨

图1.12 采用防冻措施的加拿利海枣

图1.7 耐阴的八角金盘

图1.10 受冻害的银海枣

图1.13 包扎防冻的棕榈科植物

图1.8 不适合靠墙栽植的海桐

图1.11 不耐寒的华盛顿棕

图1.14 用稻草包裹防寒的苏铁

植物选择的原则和要求：

1. 以乡土树种为主，适当引进外来树种

本地树种最能适应当地的自然条件，具有抗性强、耐旱、抗病虫害等特点。对外来树种，只要对当地生态条件比较适应，而且实践证明是适宜的树种，也应积极地采用。但不能盲目引进不适于本地生长的其他地带的树种。例如，南京有些市民广场、小区选用了南方地区的棕榈科植物，如加拿利海枣、银海枣、华盛顿棕等，每年冬季要用塑料薄膜包扎保暖，不

图1.9 不适合在幼儿园旁栽植的带刺蔷薇

图1.15 不耐寒的金合欢

但费工，而且造成较长一段时间内景观不美，稍有疏忽，还会造成生长不良甚至死亡（图1.10~图1.15）。

2. 满足各种绿地的特定功能要求

侧重庇荫功能要求的绿地，如行道树应选择主干通直，有一定高度的

枝下高，冠幅大，枝叶浓密，树形优美；对土壤适应性强，耐干旱瘠薄；萌芽力强，耐修剪；生长快，寿命长，发芽早，落叶迟，能体现地方风格；抗污染，抗病虫害能力强的落叶或常绿树种。侧重观赏作用的绿地，应选择色、香、姿、韵俱佳的植物。如叶色为红色的红枫、红花檵木、山麻杆、紫叶李、紫叶桃等；秋色树种如枫香、乌桕、鸡爪槭、银杏、马褂木、无患子等；叶色为镶嵌色的有洒金东瀛珊瑚、金边（金心、银心、银边）大叶黄杨等（图1.16、图1.17）。

南京地区四季观花、观果、观茎树种主要有：

春季：迎春、结香、春梅、云南黄馨、樱花、杏树、木兰科植物、碧桃、海棠类植物、金钟、紫荆、深山含笑、山茱萸、榆叶梅、郁李、锦鸡儿、丁香、棣棠、绣线菊、锦带、绣球、聚八仙、毛鹃、含笑、山茶花、红花檵木、牡丹、月季花、蔷薇、木香、紫藤、云实等。

夏季：紫薇、木槿、栀子花、探春、金丝桃、夏鹃、金丝梅、六月雪、六道木、醉鱼草、夹竹桃、广玉兰、枇杷、无花果、凌霄、金银花、西番莲等。

秋季：桂花、木芙蓉、石榴、火

图1.17 秋色树种枫香

棘、双荚槐、伞房决明、山楂、木瓜、紫珠、柿树、荚蒾、无刺枸骨、红果冬青、枸骨等。

冬季：蜡梅、天竹、茶梅、红瑞木等。

以上有些树种，具有很好的观赏价值，而且具有一定的经济价值。（图1.18~图1.23）。

3. 制定合理的树种比例

城市绿地中，应以乔木树种为主；乔木与灌木的比例，一般乔木占70%以上；落叶树与常绿树的比例，落叶树占60%以上。要改变过去那种单一

的常绿植物街景，以丰富季相色彩。

除乔、灌木及花卉外，还应发展草坪植物与其他地被植物，做到黄土不裸露。

图1.18 春季观花的藤本植物——紫藤、银藤

图1.19 夏秋观花的夹竹桃

图1.20 秋季观花的双荚槐

图1.16 某小区内采用树形优美，夏季观花的行道树种合欢

图1.21 秋冬观果的常绿植物枸骨

图1.22　冬季观花的美人茶

图1.23　常绿新优植物——金边丝兰

第二节　园林植物的生态配置

园林植物配置就是将园林植物材料进行科学、艺术的组合，以满足园林各种功能和审美的要求，创造出生机盎然的园林意境，这是当今园林绿地规划设计的核心问题，与园林施工、养护管理及景观效果关系密切。

园林植物的配置有其生物学、生态学和美学的含义。它包括植物的景观配置方式，群体栽培中的水平结构、垂直结构（复层混交）及树种搭配等内容，是一项很复杂的综合技术。在配置中要解决好物种间、植株间、植物与环境、植物与景观之间的关系，这些关系的协调统一是园林植物配置的关键任务。必须熟练掌握园林植物生态和生物学特性，运用美学原理，根据不同环境、功能、景观及经济等

要求综合考虑。园林植物的配置具体应依据以下原则和要求进行：

一、满足植物的生态要求

植物是有生命力的有机体，每一种植物对其生态环境都有特定的要求，在利用植物进行造景时必须先满足它的生态要求。

1. 植物对光的要求

园林植物大部分都在光线充足条件下，才能正常地生长发育。但是在建筑背面或树荫下要选用耐阴植物，如鸡爪槭、山茶、杜鹃、桃叶珊瑚、桂花、八角金盘、天竹等，耐阴地被植物如蕨类植物、玉簪、紫萼、麦冬、沿阶草、石蒜、大吴风草、万年青、吉祥草、鸢尾等（图1.24~图1.26）。

图1.24　十分耐阴的蕨类植物

图1.25　耐阴植物八角金盘

图1.26　耐阴植物石蒜

2. 植物对土壤中水分的要求

多数植物对土壤中含水量要求适中，既不能太干，也不能太湿，少数种类则对此要求不严。园林中水体边沿或水位较高的低湿地，则需选用能耐水湿或水生的种类，如枫杨、乌桕、池杉、墨西哥落羽杉、中山杉、垂柳等，水生植物有荷花、睡莲、慈姑、千屈菜、再力花、菖蒲、黄鸢尾、梭鱼草、水葱、香蒲、旱伞草、花叶芦竹、芦苇等（图1.27、图1.28）。

图1.27　水生植物睡莲

图1.28　水生鸢尾黄菖蒲

3. 植物对土壤的要求

土壤给植物提供生长的场所，对植物起固定作用，为植物根系提供水、氧气和营养物质。不同植物对土壤的酸碱度有不同的要求。当两种或几种植物种植在一起，若其根系处在土壤的同一深度上，就会发生竞争现象。故在配置时宜多采用乔、灌、草多层次的结合，使根系分布在土壤的不同深度。同种树木配置应考虑适宜的株行距，以减弱根系的这种竞争现象。

二、植物种间关系

有些植物如松、柏、核桃、红豆杉、白蜡、杨树、槭树、杜鹃、葡萄、兰科植物等具有菌根，这些菌根有的可

以固氮，为植物吸收和传递营养物质，有的能使树木适应贫瘠不良的土壤条件。豆科与禾本科植物，松与蕨类种在一起，可以相得益彰，如松树下可以给喜欢阴湿环境的蕨类植物提供适宜的生长环境。

另外，刺槐、丁香两种植物的花香会抑制邻近植物的生长，配置时可将两种植物各自分开。榆属植物与栎树之间具有对抗性；核桃叶分泌大量核桃醌对苹果有毒害作用，配置时不要栽在一起。梨桧锈病是在圆柏、侧柏与梨、苹果这两种寄主中形成的，故要避免将梨、苹果属植物与圆柏、侧柏种植在一起。

三、充分发挥植物本身的美

植物造景就是应用乔木、灌木、藤本及草本植物来创造景观，充分发挥植物本身形态、线条、色彩等自然美，配置成一幅幅美丽动人的画面，供人们欣赏。

园林植物种类繁多，可以利用植物的不同形态组合出丰富多彩的园林空间，如封闭空间、覆盖空间、开敞空间、半开敞空间、垂直空间等。

各种植物的外形各不相同，如成尖塔形的雪松、金钱松、冷杉；圆锥形的桧柏；圆球形的海桐、大叶黄杨；伞形的龙爪槐；垂枝形的垂柳；拱枝形的云南黄馨；匍匐形的铺地柏、平枝枸子；藤本状的紫藤、葡萄、凌霄、金银花等（图1.29~图1.31）。

图1.30 常绿藤本植物油麻藤

图1.31 春季开花的藤本植物银藤

植物的花、果、叶、枝、树皮是植物色彩的源泉。大多数植物的叶色为绿色，其又可分为深绿色（常绿阔叶树、针叶树）、浅绿色（落叶树）、灰绿色（胡颓子、日本五针松）、蓝绿色（绒柏、翠柏）、红色（红花檵木、紫叶桃、红叶李）、黄绿色（金边黄杨、金叶女贞、金叶小檗），这些植物通过林植、丛植或点缀，依据色彩对比或调和取得配置效果。

四、植物配置应与周围景观协调

植物与建筑、山石、水体、园路搭配时，应考虑到与其的协调性。

1. 植物与建筑物的配置

建筑物需要植物来衬托、软化其生硬的轮廓。体量较大的建筑物多用树体高大、树冠开阔的树种；体量不大的建筑物则应选用姿态雅致、色彩鲜艳或具芳香气味的树种。

在色彩上，植物的颜色与建筑的色彩对比越明显，则观赏效果越好。灰白色的墙前，宜植开红花的植物或红叶植物，而红色墙前面宜种植开白花或黄花的树木。

在建筑南面，离建筑较近的距离内不宜植高大的乔木；建筑北面，因环境荫蔽宜植耐阴的树木及地被植物。

漏窗旁，可配以竹子、芭蕉、梅花、蜡梅、碧桃等构成框景。

建筑角隅，可加置几块山石，配以丛生竹、芭蕉、南天竹、罗汉松、蜡梅、十大功劳等花木（图1.32~图1.38）。

图1.32 建筑物角隅配置的山石与植物

图1.29 常绿藤本植物常春藤

图1.33 建筑物前的树木与草坪组景

图1.34 建筑物角隅配置的山石与芭蕉

图1.35 建筑物角隅配置的山石、芭蕉与红枫

图1.36 建筑物角隅配置的罗汉松与结香

图1.37 景亭前配置的草坪与五针松

图1.38 景墙前配置的造型植物与草坪

2. 植物与水体的配置

水给人以明净、清澈、亲近的感受。水面可分为河、湖、池、溪、泉等。水边配置植物宜创造更为幽静的气氛。植物要选择耐水湿的种类；树木形体以线条柔和的为宜，如垂柳、龙爪柳、迎春、乌桕、碧桃、金钟。外形峭立的水杉、池杉、落羽杉不宜孤植，适于丛植。湖池边配置植物忌等距离，溪边植物的配置与流动的水体宜相呼应，可植桃、杏、樱花，树下种植耐阴的灌木或地被植物和水生花卉（图1.39~图1.45）。

图1.39 植物与景墙、卵石组成的水景

图1.40 木栈道旁的水生植物与山石组景

图1.41 枫树与驳岸组成的水景

图1.42 枫树与廊及驳岸组成的水景

图1.43 水边的柳树

图1.44 湖边的柳树

图1.45 池边的鸡爪枫

3. 植物与园路的配置

园路起着组织交通、导游路线、连接观赏点的作用。园路两边的植物可以起到强化园路的作用，或增强方向感，或增强幽深感，可以边走边赏景。

主路较宽，连接园中各主要景点。路旁种植观花或观景乔木，既可遮荫又可赏花，如合欢、栾树、樱花、玉兰、海棠、桂花、槭树等。树下可植耐阴花灌木及地被植物，如山茶、杜鹃、迎春、红花酢浆草、诸葛菜或镶边植物葱兰、韭兰、麦冬等。

小路一般路面较窄，多为弯曲状，可采用花径形式，以自然式布置为主，应用观花乔灌木，如丁香、紫薇、金钟、迎春和球宿根花卉葱兰、韭兰、大花萱草、美人蕉、鸢尾等。

道路交叉口是视线交点处，选择植物及配置形式根据交叉路口的面积大小，可设置花坛、花境或树丛（图1.46～图1.48）。

图1.46　园路旁的观叶植物山麻杆

图1.47　园路旁的春花植物金钟

图1.48　园路旁色叶植物组成的模纹花坛

4. 植物与景石的配置

植物与假山叠石、置石应有机结合，配置山石的材料宜选择姿态优美的植物，如黑松、罗汉松、五针松、竹、梅、蜡梅、海棠、芭蕉、南天竹、迎春、阔叶十大功劳、麦冬、石蒜、鸢尾等。避免将景石的主要观赏面遮挡，若植物长大以后，应进行必要的整形修剪，或调整移植，使植物与山石协调配置，提高景观的艺术效果。

山石在园林中应用较多的有太湖石、黄石、千层石、水浪石、卵石、花岗石、石笋石、灵璧石、斧劈石、英德石等。

假山叠石是以造景、游览、登高眺望为目的，以自然山水做蓝本，经过艺术提炼、概括和典型化，然后利用土、石等材料堆筑而成的园林景观；形成峰峦起伏、洞壑婉转的景色，为园林增添山林风趣。利用叠石也可建造驳岸、花池、石阶和挡土墙等。

选用石料和叠石要注意形状、纹理和颜色。堆叠假山的石缝要密接，勾抹材料要用调色的水泥，以隐藏于缝内为佳，尽量减少人工的痕迹。

特置石也称孤赏石，宜选用石的体态、质感、线条、纹理奇异，且有很高观赏价值的天然石。特置山石可采用整形的基础，也可以坐落于自然的山石上面。

群置石是将数块山石进行自然和富有变化的组合，作为一个群体来表现。要求石块大小不一、疏密相间、高低变化，切忌平淡乏趣或整齐排列，依照地形和艺术美的规律和法则，搭配组合，置于建筑、花墙、土山、坡脚、池中、岛上、树丛间、园路旁、草坪上，或与其他景物组合造景。

凡叠石造山，皆须伴以绿化，否则便成荒山秃岭而没有生气，山石的意境、格调和风格要与花木品种的选择相协调。要贴近自然，切忌几何形态。宜选用自然形的姿态，使之与山石和谐。雪松、龙柏、蜀桧等塔形植物，不宜与假山相配。

树木本身也具有明显的美学属性，如松柏比较刚劲，榆柳比较秀润，梅竹比较清逸，花卉比较鲜艳妩媚。依形态而言，挺直的比较刚劲，弯曲的比较柔美，倾斜的比较婀娜，倒挂的比较奇特。其次要注意植物的生长习性，杨柳、池杉、木芙蓉耐湿，多植于水畔；松柏耐旱，多栽于山上；海棠、牡丹多栽于平地；黄菖蒲、花叶芦竹、再力花等水生花卉栽于水中；麦冬、书带草、石蒜等则配于石缝。石笋石配以秀竹，则强化其刚劲凛然之势；湖石配以姿态弯曲的树形，以显婀娜灵动之势；悬挂式的迎春、黄馨可栽于山石之巅，或爬附于山壁，可表现朴茂幽深之境（图1.49～图1.54）。

图1.49 置石排列整齐，平淡乏趣，缺乏艺术性

图1.50 卵石或山石成行成排布置，缺乏艺术性

图1.51 假山堆叠缺乏艺术性

图1.52 植物遮挡假山石，应该清理和修剪

图1.53 色块植物遮挡住山石，配置不妥

图1.54 黄石假山无植物配置，缺乏生气

以下是假山堆叠、置石、配置植物比较协调的实例（图1.55~图1.85）：

图1.55 瞻园太湖石假山驳岸与植物配置自然协调

图1.56 金陵家天下假山与植物配置

图1.63 菊花台公园山石与植物配置

图1.57 金陵家天下太湖石假山

图1.60 红楼艺文苑假山石与植物配置

图1.64 总统府用太湖石堆叠的叠瀑、矶石与植物组成的景观

图1.58 瞻园假山石与植物配置

图1.61 无锡第九届中国菊花展景石与植物配置

图1.65 用龟纹石堆叠造景示意的长江三峡与植物配置

图1.59 玄武湖北太湖石与花卉组景

图1.62 菊花台公园山石与植物配置

图1.66 汉中门北广场白矾石置石与造型植物罗汉松

图1.67 山石与爬地龙配置

图1.70 雨花台花岗石与植物配置

图1.74 鼓楼广场三角地水浪石与植物配置

图1.68 山石与植物配置

图1.71 玄武湖置石与黑松等植物配置

图1.75 居住区武夷绿洲门外的千层石置石与植物配置

图1.69 小桃园置石与植物组成的小景点

图1.72 绿博园胡杨林景点山石与植物配置

图1.76 玄武湖叠石树池中的竹子

图1.73 白下区儒林雅居小区石刻与小叶女贞组成的景墙

图1.77 玉兰山庄山石置石与植物组景

图1.82　谷里千盛农庄太湖石与植物配置

图1.83　绿博园南京园栖霞置石与植物配置

图1.84　扬州个园建筑与假山花池和植物相配置

图1.85　汇林绿洲塑石与植物配置

五、其他原则和要求

1. 变化协调、多样统一

园林植物配置既要丰富多彩，又要防止杂乱无章。不同景区的植物配置应景色各异，但必须是多样统一的整体。配置前要先进行总体规划，后进行具体设计；先确定主要观赏景区、景点，后布置次要景区、景点；先确定主要树种，后选配次要树种。配置时应先乔木后灌木，再配置花草和地被。不但要考虑所配置植物之间的协调，还要做到与原有树木，特别是一些古树名木和大树相结合，取得空间构图艺术的协调统一（图1.86～图1.89）。

图1.86　前景遮挡后景

图1.87　植物配置没有层次

图1.88　植物配置高矮有层次，变化协调，多样统一

图1.78　用太湖石叠置树池中的竹子

图1.79　南京市银城小学石笋石与植物配置

图1.80　月安花园水溪的生态布置

图1.81　谷里千盛农庄太湖石与植物配置

图1.89 植物配置杂乱无章

图1.90 富有诗情画意的牡丹花坛

图1.91 表现鲜明校园文化意境的"源"

图1.92 多种植物配置形成富有文化意趣的秋色景观

2. 意境明确，诗情画意

根据园林植物的特性和人们赋予植物不同的品格、个性进行植物配置，可以表现出鲜明的园林意境和诗情画意。如松、竹、梅被称为"岁寒三友"，象征着坚贞不屈的气节和高尚的品质。松、柏、万年青因四季常青，象征着长寿和延年。紫荆象征着兄弟和睦，含笑表示深情，"垂柳依依"表示感情上的绵绵不舍和惜别。玉兰、海棠、迎春、牡丹、桂花根据中国的民俗分别表现"玉、棠、春、富、贵"（图1.90、图1.91）。

3. 园林植物配置应重视品种的多样性

品种多样性是以生态学理论为基础的，它有利于形成稳定的植物群落，这种多样性要视具体的绿地和环境来确定。在进行园林植物配置时，既要重点突出，以显示基调的特色，又要注意尽量配置较多的种类和品种，以显示人工创造"第二自然"中蕴藏的植物多样性，形成丰富多彩、四季有景，又富有文化意趣的园林景观（图1.92）。

4. 植物配置应注重人性化设计

所谓"人性化"，即注重"以人为本"的原则，设计师利用设计要素构筑符合人体尺度和人的需要的园林空间，必须掌握人们生活和行为的普遍规律，把握好使用者的需求和生活模式。

5. 植物配置应注重生态理念的运用

城市绿地建设一直将植物当作城市景观美化装饰的工具来对待，而植被作为其他物种栖息地的作用往往被忽视，要树立科学的生态观来指导植物的配置。植物是一种具有生命发展空间的群体，是可以容纳众多野生生物的重要栖息地，而动物是人类的朋友，要将人和自然和谐共生为目标的生态理念运用在植物配置中（图1.93 ~ 图1.97）。

图1.93 乔、灌、草与山石组成的红枫岗景点

图1.94 应用生态理念的植物配置

图1.95 乔、灌、草结合的植物配置

图1.96 色块植物种植面积太大，不符合生态理念和节约型绿化的原则

图1.97 色块植物种植面积太大，不符合生态理念和节约型绿化的原则

第三节 植物配置的方法

一、平面布局配置

按种植点在平面上的分布格局，可分为规则式、不规则式和混合式。规则式配置方式的特点是中轴对称，株距固定，排列整齐一致，表现严谨规整；不规则式配置亦称自然式配置，其不要求株行距一致，不需中轴对称，要求搭配自然；混合式配置是指在某一绿地中，同时采用规则和不规则式相结合的配置方式。在实践中，一般以一种方式为主，而另一种方式为辅结合使用，要求因地制宜，注意过渡及转化自然，强调整体的相关性（图1.98~图1.102）。

在铺装地面上栽树，树穴不能太小，否则影响树木生长。

图1.98 不对称的规则式布置

图1.99 不规则的自然式布置

图1.100 对称的规则式布置

图1.101 规则与不规则结合的混合式布置

图1.105 孤植配置树姿优美的朴树

图1.108 三株成丛配置的香樟

图1.102 传统园林中，与建筑物不相协调的植物配置

图1.106 不宜将榉树配置在竹林中孤赏

图1.109 成丛配置的日本樱花

二、按景观效果配置

1）为了突出树木的个体功能，可进行孤植配置（图1.103~图1.106）。

图1.103 孤植配置树姿优美的红枫

2）丛状配置的树丛，由二三株至八九株同种或异种树木组成。树丛的功能为庇荫和观赏。一方面要体现群体美，另一方面要表现其单株树木的个体美（图1.107~图1.112）。

3）群状配置是由十几株至几十株树木混植而成，可由单一树种或多种树种的乔灌木所构成，可以是乔木混交，也可以是乔、灌木混交；可以是单层的，也可以是多层的。树群主要表现植物的群体美，按群体美的构图要求进行搭配，成为具有丰富的林冠线和具有季相变化的人工群落。上层选择喜光的大乔木，中层选择耐半阴的小乔木，下层多为花灌木，地被层则选择耐阴的宿根花卉或草本植物

图1.110 几种植物成丛组合配置

图1.111 七株高矮大小成丛配置的小叶女贞球

图1.104 孤植配置树姿优美的紫荆

图1.107 三株成丛配置的五针松

图1.112 成丛配置的红花檵木球

（图1.113、图1.114）。

4）篱垣式配置是由灌木或小乔木、丛生竹类密集栽植而形成的绿篱、花篱或绿墙，高度20~200厘米。绿篱、花篱的功能是组合空间、遮挡视线、阻止通行、美化装饰等。绿篱宜选用耐修剪、易萌芽、更新和脚枝不易枯死等特性的植物（图1.115~图1.117）。

5）带状配置所形成的林带种植的平面配置可以是规则的，也可以是自然的。树种以乔木树种为主，可采用单一树种，也可用乔木、亚乔木或灌木等多树种混交配置。其功能是防风、滞尘、减噪声和分隔空间、遮挡视线及作为河流和道路两侧的配景（图1.118）。

6）林分式配置（林植），树木的种类和株数较多，可以群落式地搭配成大的风景林。层次结构为单层或多层，树龄结构可以是同龄或是异龄，大群小丛，疏密有致，景观自然。配置时要注意系统的生态关系以及养护上的要求。在自然风景区进行林分式配置，应按照园林休憩游览的要求，留出一定的林间空地（图1.119）。

7）疏林以单株或树丛等进行疏密有致、景观自然的配置方式，可形成疏林广场或稀树草地，其具有幽静清新的特点（图1.120）。

三、植物配置的艺术效果

植物配置的艺术效果，应考虑美学构图上的原则，如丰富感、平衡感、稳定感、氛围感、层次感、韵律感，具体配置时常采用对比、烘托、陪衬、透视等手法。同时必须了解植物是具有生命的有机体，它有自己的生长发育规律和各异的生态习性要求。在掌握植物自身和与其环境因子相互影响的规律的基础上还应具备较高的栽培管理的技术知识，并有较深的文学、艺术修养，才能使配置艺术达到较高的水平（图1.121~图1.129）。

图1.113　群状配置的棕榈

图1.114　群状配置的棕榈和芭蕉

图1.117　高篱植物法青和垂挂植物黄馨

图1.120　小区中的马褂木疏林广场

图1.115　花篱植物红花檵木

图1.118　带状配置种植的雪松、黄馨、常春藤、麦冬

图1.116　花篱植物茶梅

图1.119　燕子矶公园山林下种植的被麦冬

图1.121　配置艺术效果较好的园林景点

图1.122　配置艺术效果较好的"扬州园"景点

图1.129　造型植物罗汉松与山石艺术配置组景

在树木栽植时切忌随意将土面抬高，形成一个个土丘，很不雅观，也不便于管理（图1.130、图1.131）。

图1.123　配置艺术效果较好的园林景点

图1.126　棕榈、海桐球与黄杨绿篱组景

图1.124　红枫与山石配置的"秋之韵"景点

图1.127　植物配置不当，挡住后面的假山石

图1.125　树下自然配置的常绿鸢尾

图1.128　不适宜作色块布置的卫矛

图1.130　树木栽植时将土面抬高，形成土丘，很不美观

对不同性质的绿地，要运用不同的配置方式，例如公园中的树丛配置和城市街道上的配置有所不同，前者要求表现自然美，后者大多要求整齐美，而且其功能要求不相同，则配置方式也不相同。

有些没有实践经验的园林设计人员，为了急于求成，常把植物种植设计得过于稠密，希望立竿见影。可是过不了几年，绿地中的花木就会拥挤得水泄不通，这时再想通过修剪来

图1.131　树木栽植时随意将土面抬高，形成土丘，很不美观

图1.132　竹子栽植过于密集

达到稀疏的目的已经不可能了，只有采用间伐移植的手段才能进行调整改造。因此树木配置不仅要求布局合理、搭配协调，而且要求间距适当（图1.132～图1.134）。

图1.133　植物配置布局不合理

图1.134　植物配置过于稠密拥挤

图1.136　紫叶李与竹子距离过近，需要调整

第四节　园景的充实调整

园林绿地上的植物是有生命的，随着生长和树龄的增长，树体体量增加，树龄较老的树木会慢慢衰老或死亡。因此绿地景观要长年保持整洁美观，必须进行充实调整。

一、补植

1）对有些绿视率较低、较空旷的绿地应补种乔木树种（图1.135）；

2）树荫下黄土裸露处需种植耐阴地被植物；

3）对周围影响景观的建筑物或墙面、构筑物，运用植物材料进行适当遮挡；

4）不平整的草坪应加沙、加土进行平整；对空秃的草坪进行补播或者补植；

5）对绿地中已死亡的树木进行

图1.135　绿地中缺少乔木

砍伐，并补植；

6）对花坛进行一、二年生草花的换花布置；

7）对花境上的多年生宿根花卉进行分栽、移植和调整。

二、移植

1）对绿地中树木拥挤、密度较大的，通过修剪不能解决的必须采用移植的方法进行调整（图1.136）；

2）对栽植位置不合理的，如光照、土壤、水分等条件不适宜树木生长的，应进行调整移植（图1.137）；

3）对栽植不整齐，高矮层次配置不合理，且通过修剪不能解决问题的可进行移植调整（图1.138、图1.139）。

三、优秀配植布置和养管实例（图1.140、图1.141）

图1.137 树木与窗户距离过近，影响室内采光

图1.138 瓜子黄杨栽植不整齐，植物高矮搭配不合理

图1.140 日本庭园水景和植物配置

图1.139 植物选择不当，高矮层次配置不合理，线条不清晰

图1.141 日本庭园水景环境优雅、水面清澈

第 二 章
花卉布置

花卉布置包括了盆花、花钵等装饰容器及各种花坛和花境布置。

花坛是将周期开放的多种花卉或不同颜色的同种花卉，根据一定的图案设计，栽种在特定的规则或自然形式的植床内，以突出其鲜艳的色彩或精美华丽的纹样来体现装饰效果，表现群体的美。

花坛是植物造景的重要组成部分，景观效果十分显著并富有情趣，经常更换花卉及图案，能创造四季不同的景色效果，在绿地中起着重要的装饰作用。它与绿地的有机结合，可以提高园景和街景的艺术水平，使园地瑰丽多姿、赏心悦目。

花卉布置的形式多样，根据花坛的形状、栽植配置方式，可将花坛分为集栽花坛、带状花坛、模纹花坛、组合式花坛、连续花坛群及特殊形式的立体花坛、盆景花坛、水上花坛，还有自然形体布置的花丛、花群、花境等。

花坛、花境等布置的养护管理包括浇水、松土、施肥、整形、修剪、补栽、换花等。

第一节 盆花布置

凡用盆钵栽培的草本或木本花卉都称为盆花。盆花可用于室外和室内装饰，适合临时性的装饰需要，便于搬动，成效快又明显。

通常用于栽培花卉的容器和花盆有容器袋、软塑料盆、硬塑料盆、瓦盆、素陶盆、釉陶盆、紫砂泥盆、瓷盆、玻璃钢盆、木箱等。

摆设盆花应根据各种花卉的生长习性、生育条件和观赏期分别设置，除在不同的季节装饰适时花卉外，还要考虑室内外的使用性质和立地条件，如光线、温度、湿度等。

盆花可布置在公园及风景区的绿地中，也可布置在广场及街头绿地中，还可大量应用于各种展览场所等。

盆花布置养管要求容器完整清洁，容器外形、规格、色彩与植株协调；枝叶生长正常，叶片清洁健壮、枝叶繁茂，无枯枝黄叶残花；排水通畅，植株不得出现失水萎蔫现象；无病虫害，无杂草，无垃圾（图2.1~图2.5）。

第二节 花钵及其他装饰容器布置

应用玻璃钢花盆、花钵来装点环境，已十分普遍，其式样很多。除单层外，还有2层、3层的形式，有组合式、拼装式、挂壁式、垂吊式等。形状有碗形、方形、长方形、圆形、半圆形等。按其造型风格有欧式的，适宜布置在较现代的环境中；有古坛式的，适宜布置在古典式的园林绿地环境中。玻璃钢花钵的体量较大，但比较轻便，造型美观，其本身即是一件艺术品；钵中配植花卉以后，能呈现出立体空间的美化效果，起到画龙点睛的作用。

玻璃钢花钵中的花卉宜脱盆栽植。选择与花盆的高矮、色彩、形状相协调的花卉，如金盏菊、三色堇、矮牵牛、常春藤、吊兰等。方形的花钵宜平头栽植；圆形的花钵可将中心填高，四

周渐低，周边栽植时宜整齐一致，并将花卉稍向外沿下方倾斜。钵中花卉的配置不宜太杂，通常选择一种或两种花卉，并以一种花卉为主，不宜平分秋色。若用多种花卉配植，要注意品种、色彩、高矮的搭配及艺术效果。

玻璃钢花钵的制造，用石膏做模，然后用玻纤材料按模具胶贴制成，经济实惠，质轻易搬动，在室外可保持五年以上。也有用玻纤材料与水泥混合制作的，简称IC，其成本较低，但重量较重。另外尚有用木材、水泥、石料等制作的花钵或装饰物（图2.6~图2.13）。

图2.2 明发小区节庆摆花布置

图2.3 和平广场摆花布置

图2.1 明发小区节庆摆花布置

图2.4 小区中家庭养花摆放杂乱

图2.5 雨花台烈士陵园"五一"节摆花布置

图2.6 配置在花钵中的矮牵牛、常春藤

图2.7 石制花钵

图2.8 玻璃钢花钵

图2.9 花钵的组合布置

图2.10 木制花钵的组合布置

图2.11 花钵中不规则艺术配置的花卉

图2.12 植物配置与花钵不协调

图2.13 花钵中植物配置主次不分明

第三节 花坛布置

一、集栽花坛

它是采用一种或几种花期一致、色彩调和的不同种类的花卉配置而成。其外形可根据地形及位置呈规则几何形体，内部的花卉配置和图案纹样应力求简洁。主要表现花卉盛花期群体的色彩美，以配置一二年生草花和球根花卉为主；要求植株高低层次清楚，花期一致，色彩调和（图2.14~图2.26）。

图2.14 球根花卉郁金香的配置布置

图2.15　球根花卉郁金香的配置布置

图2.16　小区花坛中羽衣甘蓝的配置

图2.17　绍兴市民广场的集栽花坛

图2.18　江宁高湖河滨休闲广场的集栽花坛

图2.19　广场配置的羽衣甘蓝

图2.20　玄武湖公园的牡丹花坛

图2.21　江宁外港河广场配置的羽衣甘蓝

图2.22　常州恐龙园配置的羽衣甘蓝

图2.23　第六届江苏省园艺博览园模纹花坛

图2.24　淮安园艺博览园花卉配置

图2.25　淮安园艺博览园花卉配置

图2.26　扬州瘦西湖花坛的配置布置

二、带状花坛

带状花坛是沿道路两旁、道路中央、建筑物墙基四周、墙垣前、草地边缘等设置的长形或条形花坛，一般宽度在1米以上，长度超过宽度的3倍以上，统称为花带。它可以作为观赏的主体或配景，作集栽式、模纹式的花卉配置（图2.27~图2.29）。

图2.27　湖景花园设置的带状花坛

图2.28 淮安园艺博览园带状花坛

图2.29 南通园艺博览园带状花坛

三、模纹花坛

利用矮生花卉植物，按照一定的文字或图案纹样，组成地毯状或浮雕状的彩色图案，称为模纹花坛。

模纹花坛是用色彩鲜艳的各种矮生性、多花性的草花、观叶草本或木本植物为主，配置成各种精美、华丽的装饰图案纹样，犹如地毯，所以又可称毛毯花坛。其花坛的外形为规则的几何图形；花坛内的图案除采用花卉植物材料外，也可配置一定的草皮或建筑材料，如各种多彩的卵石、石砂等铺填，使图案格外分明。植物材料宜选择花朵和叶片细小茂密、耐修剪的低矮植物，如五色草、半枝莲、彩叶草、香雪球、佛甲草、垂盆草等；也可配植整齐矮小的小灌木，如撒金千头柏、瓜子黄杨、雀舌黄杨、金叶女贞、金森女贞等。

模纹花坛的图案纹样要求简洁大

图2.30 无锡交通广场的模纹花坛

图2.31 沈阳世界园艺博览园的模纹花坛

方、清晰明快、色彩鲜艳、修剪整齐。若在施工时，稍作地形处理，使图案一部分凸出表面，称为阳纹；而另一部分凹陷表面，称为阴纹；再将植物栽植配置以后，图案将更为清晰。这类模纹花坛又可称为浮雕花坛（图

图2.32 南京胜利广场的春季花坛

图2.33 无锡第九届中国菊花展中的模纹花坛

图2.34 淮安园艺博览园的模纹花坛

图2.35 上海复兴公园规则式布置的模纹花坛

图2.36 南京开源广场的模纹花坛

2.30~图2.36）。

由文字或具有一定内涵的图徽组成的模纹花坛又可称为标题式花坛，其表达一定的思想主题。此类花坛宜设置在坡地的倾斜面、园林中较重要的位置上，并需要精细的管理（图2.37）。

四、组合式花坛及花坛群

由两个以上或许多独立花坛，排列组合成一个不能分隔的构图整体，称为花坛组或花坛群（图2.38、图2.39）。

图2.37 雨花台标题花坛

图2.38 第四届江苏园艺博览会花坛群

图2.39 江宁凤凰市民广场组合式花坛

五、花丛、花群

花丛、花群的形体及花卉植物的配置形式呈不规则的自然形，它是利用一些生长势强健、管理较粗放的一二年生草花或球宿根花卉、半木本或部分木本花卉，如美人蕉、蜀葵、锦葵、紫茉莉、诸葛菜、葱兰、韭兰、鸢尾、红花酢浆草、石蒜、玉簪、紫萼、万年青、八仙花、火炬花、金鸡菊、伞房决明、大花秋葵、绣线菊、杜鹃花、月季花等做成丛、成群、成片的自然式布置（图2.40~图2.43）。

图2.40 宿根花卉锦葵

图2.41 宿根花卉大花秋葵

图2.42 宿根花卉蜀葵

图2.43 宿根花卉紫茉莉

第四节 花境

近年来，花境成为提高绿地景观质量、丰富植物品种的一种种植形式，成为新的亮点。

花境是从规则式构图到自然式构图的一种过渡的种植形式。种植床的两边，是平行的直线或是几何形状的曲线，是一种欣赏植物自然景观美的形式，常以建筑物、围墙、树丛、绿篱等为背景，或设置在草坪、广场及道路旁，供一面或四面观赏。宽度可按视觉要求设定，单面观赏为2~4米，灌木花境可加宽到5米，两面观赏的为4~6米。

花境环境应尽量避免强阳或阴湿，否则会在不同程度上影响花境内植物的生长，造成整体效果不佳。位置宜选择在疏林下和绿地林缘，同时还需处理好与背景的关系，使花境与背景自然过渡和相互融合。

花境中配置的花卉植物不要求花期一致，但要考虑各种花卉的色彩、姿态及数量的对比和协调，以及整体的构图和四季的变化。对花卉植物的高矮虽没有严格要求，但配置时应注意前后关系，前面的花卉不能遮挡住后面的花卉。

花境选材不可盲目追求品种多样性，要讲究品种间合理的搭配组合，品种的前后呼应，立面上的高低错落。合理选用背景植物、主体开花植物、中层过渡植物及镶边植物。还应选择不同季相变化的植物配植，错落开花，并注意常绿与落叶品种的搭配。

花境中的花卉宜选用花期长、色彩艳、管理较简单粗放、适应性较强，露地能够越冬的宿根花卉，也可适当配以一二年生草花、球根花卉及花灌木，但切忌杂乱，注意配置的艺术效果，既要表现植物个体的自然美，又要展示植物自然组合的群落美。花境内的植物可以不常更换，一次种植后多年使用，但需进行养护管理和局部的更新换花。

花境植物的布置应避免与花坛色块混淆，要求以流畅的自然曲线布局，采取各种花卉自然式块状混交，并考虑近、远期景观效果相结合，立面上应高低错落，创造出丰富自然的平面和立面景观。

花境内部的植物配置，是自然形式的，在构图中要有主调、基调和配调，要有高低起伏。花境是一种人工配置的半自然的植物群落，需针对花境中的不同品种进行精细的养护管理。当出现局部生长过密或稀疏的现象，需及时间苗或补苗。在冬季，可运用树皮等地表覆盖物或是适当补充时令草花进行弥补。花灌木应及时修剪，宿根花卉开花后及时摘去残花，剪去枯叶，保证其最佳的观赏效果。此外，还可用增施有机肥的方法来改良土壤，增加土壤肥力，并加强病虫害防治等，以求提高花境整体的景观效果。适宜布置花境的球宿根花卉植物很多，

目前国内常用种类和品种如下：

花灌木：醉鱼草、茶花、茶梅、红花檵木、矮紫薇、地被月季、伞房决明、毛鹃、水果兰、银姬小蜡、金边丝兰、熊掌木、迷迭香、双荚决明、银香菊等，竹类植物有菲白竹、凤尾竹、鹅毛竹等。

球宿根及多年生花卉：玉簪、花叶玉簪、紫萼、铃兰、石蒜、鸢尾、麦冬、八仙花、虎耳草、萱草、黄菖蒲、花菖蒲、落新妇、溪荪、一枝黄花、蕨类、地被菊、宿根福禄考、石竹、景天、红花酢浆草、紫叶酢浆草、火炬花、毛地黄、水仙、葡萄风信子、美人蕉、葱兰、金鸡菊、千叶蓍、黄金菊、紫露草、佛甲草、垂盆草、大花葱、匍枝亮绿忍冬、吉祥草、大吴风草、斑叶大吴风草、活血丹、多花筋骨草、亚菊、三七景天、金边麦冬、韭兰、白芨、荷兰菊、花毛茛、马蔺、美国薄荷、玉竹、蜘蛛抱蛋、紫娇花、小花葱、荷包牡丹、蜀葵、射干、晚香玉、紫茉莉、火星花、姜花、头花蓼、火炭母等。

观赏草类：矮蒲苇、狼尾草、金叶苔草、细叶芒草、紫穗狼尾草、花叶蒲苇、布妮狼尾、白穗狼尾草、黑龙等（图2.44~图2.68）。

图2.44 上海世纪公园的花境布置

图2.45 第五届江苏园艺博览园中的花境布置

图2.46 梅山市政绿化公司的湿生植物花境布置

图2.47 第九届中国菊花展中的花境布置

图2.48　玄武湖公园的花境布置

图2.53　南通江苏园艺博览园中的花境布置

图2.58　上海立体花坛展中的花境布置

图2.49　南京狮子山广场的花境布置

图2.54　常州恐龙园中的花境布置

图2.59　淮安钵池山公园花境布置

图2.50　江南青年城小区大花萱草布置

图2.55　上海世纪公园全国菊展中的花境布置

图2.60　淮安园艺博览园花境布置

图2.51　无锡鼋头渚风景区花境布置

图2.56　上海世纪公园中的花境布置

图2.61　淮安园艺博览园花境布置

图2.52　无锡鼋头渚风景区花境布置

图2.57　上海立体花坛展中的花境布置

图2.62　淮安园艺博览园花境布置

图2.63　岗子村道路绿岛中的花境

图2.64　岗子村道路绿岛中的花境

图2.65　岗子村道路绿岛中的花境

图2.66　岗子村道路绿岛中的花境

图2.67　梅山市政绿化公司的花境

图2.68　国外的花境植物配置

第五节　盆景花坛

这是我国盆景艺术的一种扩大形式，它不仅采用草本植物，也选用形态优美的山石及松、竹、梅等经艺术加工的花木，按一定的环境要求进行艺术配置而成（图2.69）。

图2.69　玄武湖公园盆景花坛

第六节　水生花卉的布置

利用水生花卉和湿生花卉，如荷花、睡莲、王莲、萍蓬草、凤眼莲、水生鸢尾、花叶芦苇、菖蒲、再力花、千屈菜等水生花卉按一定的构图要求布置在水面上。也可用竹木支架或竹筏、木船、水泥船等载体，将花卉栽植配置在上，并设置在水面上。

水生植物在园林水景中的应用，不仅是反映园林景观效果，更重要的是强调其生态效益。水生植物在修复水体生态环境中，成为独当一面的功臣。因此，各地政府积极利用自然资源优势，辟建各种水景园或城市湿地公园。

水生植物广泛分布于我国南北各地的湖泊、池塘、水库、溪流、沼泽及海域，种类丰富，数量繁多。根据生活习性、生长特点及生态环境，水生植物可分为浮水、浮叶、挺水（湿生）、沉水和海生植物五大类。

常见湿生（挺水）植物有荷花、黄菖蒲、燕子花、玉蝉花、千屈菜、香蒲、再力花、纸莎草、水葱、芦苇、斑叶芦荻、旱伞草、菰草、梭鱼草、三白草、慈姑、泽苔草、水芹、水芋、水菖蒲、水蓼、水生美人蕉等。常见浮叶（浮水）植物有睡莲、王莲、萍蓬草、荇菜、菱、凤眼莲、大藻等。常见沉水植物有苦草、水车前、海菜花、黑藻等。

在园林水景中，水生植物的配置，主要是通过其形体、色彩、线条等特征来进行组景。一般来说，大的水体，主要考虑远观效果，植物配置注重形成整体的、大而连续的景观，小型的、曲折流畅的水体，主要考虑近观效果，更注重植物单体的观赏性，对植物的姿态、色彩、高度有特别的要求。同样是小型的水体，水池的深浅、宽窄不同，选择的植物也应不同。水生植物不能布满水体，一般占水面的1/3~2/5为宜，以免影响水面的倒影效果及水体本身的美学效果。

岸边植物的形态和线条，可以丰富园林水景。荷花与垂柳成为一种传统的配置模式，岸上婀娜多姿的柳枝与湖面浑圆碧绿的荷叶能协调得体，相映成趣，有一种舒畅优美之感。此外，竹、落羽杉、池杉、水杉、木芙蓉、蔷薇、夹竹桃、迎春、黄馨、雪柳、金钟、碧桃等均是常见的岸边植物（图 2.70~图 2.95）。

图2.70　2003年常州园艺博览园的水上花坛"龙船"

图2.71　中山植物园水生花卉池中的王莲、睡莲等

图2.72　水池中睡莲太多、太满，应多留些水面

图2.73　梅山市政绿化公司的花叶芦竹与黄菖蒲配置

图2.74　无锡鼋头渚公园的水景之一

图2.75　第五届江苏园博园中的蓝睡莲

图2.76　江宁翠屏清华园中的水葱配置

图2.77　江宁翠屏清华园的海寿花、千屈菜等

图2.78　江宁翠屏清华园睡莲、再力花、黄菖蒲

图2.79　月安花园的海寿花、睡莲

图2.80　浦口公园外广场水池中的睡莲、黄菖蒲

图2.81　玄武湖公园的花叶芦竹、黄菖蒲

图2.82　外港河为净化水质种植的水生植物

图2.83　银河湾花园水池中配置的花叶芦竹、海寿花、旱伞草

图2.84 徐州云龙山公园的水景

图2.87 江宁高湖河滨广场桥头配植的再力花

图2.91 银城东苑小区池边的千屈菜

图2.85 上怡园的水生花卉海寿花

图2.88 玄武湖公园盆景园中的王莲

图2.86 荷花水景

图2.89 南通园艺博览园的再力花、黄菖蒲

图2.92 建筑、山石与水生植物组景

图2.90 池中的各种水生花卉配置自然得体

图2.93 建筑、山石与水生植物组景

图2.94　皇册家园水池中的再力花、水葱

一、植物栽植法

用较低矮致密的植物如五色草、小菊花、佛甲草、松塔景天、三色堇、雏菊、马蹄筋、早熟禾等不同色彩的种类或品种配植修剪组成各种图案、纹样。常用钢材按造型轮廓组成骨架固定在基础上，再用遮光网扎成内网和外网，两层网之间距离为8~12厘米，两网之间填入轻质腐殖质土，然后用普通剪刀戳孔栽植植物，栽后应及时浇水修剪（图2.96~图2.109）。

图2.98　2007年无锡第九届中国菊花展中的立体花坛

图2.96　上海立体花坛展作品"五亭桥"

图2.95　梅山市政绿化公司绿地中的水生植物

图2.97　上海立体花坛展作品"加拿大·蒙特利尔大舞台"

图2.99　2007年无锡第九届中国菊花展中的立体花坛"马背上的渔夫"

第七节　半立体花坛及立体花坛

立体花坛是植物造景的一种特殊形式，它是具有一定的几何轮廓或不规则自然形体的立体造型，按艺术构思的特定要求，用不同色彩的观花、观叶植物，构成半立体或立体的艺术造型，如时钟、花篮、花瓶、花亭、动物、人物造型等。

设置立体花坛应考虑周围的环境条件和立体花坛的立意、主题、造型手法、形体大小、比例等因素，一般应布置在游人较集中的园林景观视线的中轴线部位，其造型手法有以下几种类型：

图2.100　2007年无锡第九届中国菊花展中的"米老鼠与唐老鸭"立体花坛

图2.101 2006年上海立体花坛展中的奥运国徽造型

图2.102 南通狼山风景区"第一山"扇形立体花坛

图2.103 玄武湖公园"二龙戏珠"立体花坛

图2.104 哈尔滨太阳岛的"松鼠"造型

图2.105 玄武湖公园"万象更新"立体花坛

图2.106 哈尔滨太阳岛的"凤凰"造型

图2.107 无锡第九届中国菊花展中的"海豚"造型

图2.108 哈尔滨太阳岛的"体操"造型

图2.109 哈尔滨太阳岛的"企鹅"造型

二、胶贴造型法

胶贴法通常先用钢材制作骨架，将骨架与基础焊接牢固，按造型搭建框架并蒙上钢丝网，然后在钢丝网上抹粉水泥，再将干花、干果、种子等用胶粘贴，最后根据设计要求喷漆着色（图2.110、图2.111）。

三、绑扎造型法

绑扎造型可分为搭建框架和扎花两大工序，框架由模型框架、置盆框架和扎花网三部分组成。模型框架按设计的大小形象搭建，为框架的主体，可用竹木或钢架结构；置盆框架是衬在模型框架内侧的框架，为了放置盆花而设置，可用竹、木或钢材搭建；扎花网是用遮光网或竹篾、钢丝网格扎缚在框架表面，用以固定花朵的枝叶（图2.112）。

图2.110 雨花台菊展中的立体花坛

图2.111 无锡第九届中国菊花展中用植物种子胶贴造型制成的"奥运福娃"

图2.116 总统府的立体花坛

图2.112 用绑扎造型法建成的"荆轲刺秦王"图案造型

图2.113 沈阳世博会立体花坛

四、组合拼装法

此法用钢筋按盆花容器的尺寸制成放置盆花的呈方格状或圈状的网格，预先将花卉培育在塑料制的圆形或方形的容器内，再根据设计造型拼装而成。此法适用于屏风状或圆柱形、伞形的立体花坛，在花坛表面可用各色花卉拼组成图纹或字样（图2.113~图2.116）。

五、插花造型法

此法是用插花方法进行立体造型。这种方法简便省工，只要将切花按图案要求插入插花泥中，能清晰表现花坛中的图案纹样或文字即可，但花卉保持的时间不长。

六、半立体时钟花坛

利用低矮的花卉或观叶植物栽植装饰，并与时钟结合，通常用植物材料组成时钟的底盘，这类花坛在背面用土或框架将花坛上部抬高，形成呈斜面的单面或三面观赏的半立体状时钟花坛。

图2.114 江宁大市口广场立体花坛

图2.115 绍兴市民广场用黄帝菊盆花拼装成的半球形立体造型

第八节 养护管理要点

花卉布置的养护管理要点是：

一、浇水

浇水应避免用皮管猛冲，要装上喷头，减少对土壤的冲击。夏日里，花卉浇水应避免在炎热的中午，冬季应避免在傍晚浇水而引起冰冻。夏季，盆花的浇水宜保持早、晚各一次，其他季节可根据土壤的干湿程度酌情浇水，做到不干不浇，浇水时要浇透。

二、松土除草

松土是使土壤疏松，增强土壤的透水、透气性，有利于根系的呼吸和水分、养分的吸收。在花坛中，松土可结合除草，用小铲子进行。松土不宜过深，以免使根系受损。冬季少松土，以免冻伤植株，梅雨季节要勤松。

花坛及盆花中的杂草要除早、除净，及时连根铲除。若等杂草长大以后再除，不仅影响景观的美观，而且杂草与花卉争夺水分、养分。杂草长大以后，会结籽下地，而且在拔草中会损伤花卉的根系。

三、施肥

施肥应结合松土、除草工作进行。施肥能供给植物养分，提高花卉质量，改良花卉种植土壤的理化性状和肥力。氮肥能促进植物的营养生长，增进叶绿素的产生，使花朵增大，种子丰富。但如果超过花卉生长的需要量就会延迟开花，使茎徒长。磷肥能促进种子发芽，提早开花结实，还能使茎坚韧，不易倒伏，增强根系的发育，增强对于不良环境及病虫害的抵抗力。钾肥能使花卉生长强健，增进茎的坚韧性，不易倒伏，促进根系的扩大，使花色鲜艳，提高花卉的抗寒、抗旱及抵抗病虫害的能力。

肥料的种类：

1. 有机肥料

人粪尿、堆肥、饼肥、家禽粪和蚕粪、腐殖酸类肥料。

2. 无机肥料

氮肥：硫铵、硝铵、磷铵、尿素；

磷肥：过磷酸钙、磷铵、磷酸二氢钾；

钾肥：硫酸钾、氯化钾、磷酸二氢钾；

微量元素肥料：硫酸亚铁、尿素铁、硼酸、硼砂；

微生物：根瘤菌、固氮菌、菌根菌。

露地花卉施肥由于受雨水和湿度的影响，在生长前期养分主要由基肥供给，中、后期则由追肥供给。通常以磷肥作基肥；钾肥以 1/2 作基肥，1/2 作追肥，氮肥主要靠有机肥来供给，生长期应追施氮肥。

盆栽花卉采用自然土壤上盆，只需施氮、磷、钾元素；若采用人工培养土上盆，除供给氮、磷、钾外，还需要供给微量元素。

若采用粒状复合肥料或混合颗粒肥料施肥，其在土壤中逐步释放，效果好，肥效一般可维持一个月左右，最长可达半年之久。

四、整形、修剪

木本花卉修剪可按本书中观赏树木的整形修剪部分进行。

草本花卉，如五色草等花卉，为使图案清晰、整齐美观，花朵高矮保持一致，必须经常整形修剪，常采用大平剪修剪。

落叶性宿根或球根花卉，冬季必须把已枯死的地上部分用镰刀割除或剪除，以保持园容的整洁，如蜀葵、大花秋葵、美人蕉、玉簪、紫萼、阴绣球、大花萱草等。

经常摘除花卉的残叶、残花，可保持花坛或盆花鲜艳、整洁，使养分集中，促进花卉的生长和开花。摘花时，应将花梗一并剪除。有些花卉，如大丽花、菊花，为保证其花朵大，开花整齐，使养分集中，可摘除部分不需要保留的花朵。摘心、打头是摘除生长中的嫩枝顶端，促使侧枝萌发，使植株矮化，增加开花枝数；有时也可用于抑制生长，推迟开花，如一串红、百日草、菊花等。剥芽的目的是减少侧枝，使留下的枝条生长苗壮，提高开花的质量。剥蕾是为保证主蕾开花的营养，提高开花质量，或为了调整开花速度，使植株上的花朵大小一致，或者培养独头的菊花、大丽花等。

五、补栽、换花

1. 补栽

花坛、花境、花钵、盆花布置中，若遇人为破坏，如践踏、偷窃等造成缺株，或因养护管理不慎，造成植株枯死、衰败，应及时补栽。

2. 换花

花坛、花境、盆花布置中，发生部分品种或植株衰败，应及时进行局部品种的换花。若将盛开和衰败的花卉混在一起，有碍观赏，会使其整体的艺术水平下降。若花坛、花钵或摆花整体植株花朵衰败，应及时更换。

第 三 章
草坪与地被植物

　　草坪是指由人工建植与养护管理而成的密植且又平整的草地。本章简述了草坪的功能（即景观功能、生态功能和运动功能）；草坪植物的分类：适宜于南京地区的主要冷季型草（高羊茅、黑麦草、匍茎剪股颖、草地早熟禾、白三叶草）和暖季型草（狗牙根、马尼拉草、假俭草、马蹄金）；暖季型草坪的盖播（草种的选择、盖播方法和管理要点）；以及草坪的养护管理（修剪、灌溉、施肥、培土铺砂、通气、切边、杂草防治及秃块的修补）。

　　地被植物是指覆盖在地表面的低矮植物。本章介绍了地被植物的分类和养护管理及适宜在南京地区栽植的地被植物的种类和应用实例图片，如常春藤、常春蔓、匍枝亮绿忍冬、三七景天、熊掌木、菲白竹、络石、桃叶珊瑚、八角金盘、南天竹、红花酢浆草、葱兰、紫萼、鸢尾、萱草、玉簪、阴绣球、麦冬、大吴风草、亚菊、石蒜、玉竹、虎耳草、万年青、诸葛菜等。

草坪是指由人工建植与养护管理（如修剪、滚压等）而成的密植且又平整的草地。凡能用于建立草坪的草本植物，统称为草坪草。草坪草大部分为禾本科草，少数为其他单子叶草和双子叶草，它们具有以下主要特征：

一是植株低矮，分枝（蘖）力强，有强大的根系，或兼具匍匐茎、根状茎等器官，生长旺盛，有较强的覆盖能力。

二是地上部生长点低，于土表或土中，具坚韧的叶鞘保护，因而修剪和滚压对草坪造成的伤害较小，利于分枝（蘖）与不定根的生长发育。

三是适应性广而强，具有相当的抗逆性，易于管理。

第一节　草坪的功能

一、景观功能

草坪有宜人的绿色，为植物造景提供了基础和背景。其景观表现为开阔性，充分地展示空间及地形，给人以心旷神怡的感觉。

二、生态功能

草坪的生态功能在于净化环境。据测定，裸地上空的粉尘含量为草坪上空的13倍；草坪上空的细菌量仅为裸地上空的1/3~1/6。草坪能调节空气及地表的温度、湿度。夏季，草坪可降低地表温度达6~14℃，而冬季，可提高地表温度；草坪上空的相对湿度较裸地高10%~20%。草坪可防止水土流失，因此，在高速公路、铁路、江河及水库堤坝上种植草坪，是防止边坡水土流失和改善景观的有效措施。

三、运动功能

草坪具有很强的耐践踏性及弹性，因此，草坪可为人们提供休憩及体育运动等舒适且观感良好的场地。因此说，草坪是生态环境的卫士、运动健儿的摇篮、休息游览的乐园以及文明生活的象征。

第二节　草坪植物的分类

冷季型草亦称"寒地型草"或"冬绿型草"。它的特征是耐寒性较强，是冬季能维持绿色的草坪草，夏季不耐炎热，春、秋两季生长旺盛，十分适合我国北方地区栽培，如高羊茅、黑麦草、草地早熟禾。

暖地型草又称"夏绿型草"，它的特点是冬季呈休眠状态，早春返青后生长旺盛，进入晚秋，一经霜害，其茎叶枯萎，如马尼拉草、天鹅绒草、狗牙根、假俭草等。

一、南京地区主要冷季型草坪草

1. 苇状羊茅（又名高羊茅）

为禾本科羊茅属多年生草本植物，须根发达、粗壮，入土较深。冬季零下15℃可以安全越冬，夏季可耐短期38℃高温。在温暖条件下，一旦潮湿，极易致病。高温条件下，持续干旱10天以上，可导致大量植株死亡。喜光，中等耐阴，除沙土等轻质土壤外，均宜生长。适宜土壤的pH值为5.0~7.5。南京地区表现为冬绿，绿期近300天。目前已育成了众多的优良品种，我国现用品种基本引自国外（图3.1~图3.3）。

2. 黑麦草（又分多年生黑麦草和一年生黑麦草）

为禾本科黑麦草属短期多年生禾草。具有细弱根状茎。须根发达而稠密，根系较浅。叶深绿色，质地

图3.1　鼓楼广场高羊茅草坪冬景

图3.2　翠屏山广场高羊茅草坪冬景

图3.3　鼓楼广场高羊茅草坪春景

柔软。喜温凉湿润气候，生长最适温度20~27℃，大于35℃生长不良，39~40℃分蘖枯萎，甚至全株死亡，能耐−15℃低温。南京地区越夏困难，越夏率小于50%。喜光，耐阴性差。在pH6~7、中等肥沃、湿润、排水良好的壤土或黏壤土中生长良好，不耐瘠薄。

1）一年生黑麦草

该草发芽和扎根的速度都非常快。大多数品种将在一年内逐渐凋谢。通常被种植在百慕达草中，以便为那里提供一些极好的冬日色彩。

2）多年生黑麦草

该草广泛分布在美国气候比较温和的地区，具有丛生的特点，大多数经过改良的多年生黑麦草都有悦目的墨绿色和较强的耐磨损能力，并且具有很好的恢复潜力，抗病性强，适应暖湿的环境。因此，它是运动场地草皮的理想用草。多年生黑麦草较难于修剪，尤其是在湿、热的条件下，要求割草机非常锋利，否则将会把该草的叶片撕碎而不是割断。其修剪高度约为2.5~5厘米。多年生黑麦草有许多改良品种，改良品种只需要比较少的肥料。

多年生黑麦草是既可用于草坪又能用于饲草的重要冷季型草，最适应于肥沃土壤。它可以与其他草坪种混播，在1960年以前，一直是北美的主要草坪种。20世纪60年代中期，一个革命化的措施，利用黑麦草在暖季型草坪上盖播，在寒冷季节改变了南方的庭园草地和运动场草地。西欧和美国都是最早获得黑麦草成功的育种者。

3. 匍茎剪股颖（又名匍匐剪股颖、本特草、四季青、窄叶四季青）

禾本科剪股颖属多年生禾草，须根系，根系较浅，具有长的匍匐枝，茎节着生不定根。耐寒，0℃左右尚能缓慢生长。中等耐热，喜潮湿，能耐短期涝、渍，较耐旱，但干、热交加的情况下易死亡。如湿、热交加，极易致病。喜光，中等耐阴。在pH5.2~7.5、排水良好、肥沃湿润的沙质土壤上生长较好。南京地区为冬绿，绿期300天左右。由于伏天的影响，存株率第一年在50%左右，以后逐年下降，数年后消亡。夏季若有遮荫，在无病害的情况下，则可保持常绿，且能延长生存期。

4. 草地早熟禾

禾本科早熟禾属多年生长寿禾草。须根发达，有细长匍匐根状茎。

喜冷凉湿润环境。5℃开始生长，15~32℃可以充分生长，温度低于5℃或高于32℃，生长速度相应减弱，−9℃不枯黄。若空气潮湿与高温，植株易染病。−38℃下可以安全越冬。全日照下生长发育良好，可耐轻度遮荫。适宜中性至微酸性、肥沃且排水良好的土壤中生长，能耐pH8.0~8.3的盐碱土，耐瘠薄。北京地区绿期270天左右；南京地区冬绿，绿期300天左右。越夏存株率小于50%，数年后消亡。

5. 白三叶草（又名白三叶、白车轴草）

豆科三叶草属植物。其株丛低矮，主根较短，侧根、不定根发达。掌状三出复叶，叶面中央有"V"形白斑。头形总状花序，小花众多。

喜温凉湿润气候，不耐干旱与渍水。耐寒，种子在1~5℃下萌发，最适为19~24℃。在−25℃积雪20厘米，时间达1个月，且能安全越冬。气温大于35℃，短期39℃仍能安全越夏。喜光，具一定的耐阴性。适应pH4.5~8的土壤。种子落地有自繁能力。茎叶多汁，不宜践踏或坐卧，一般用作封闭型草坪或地被。南京地区的绿期，因品种而异，有的为常绿。

二、南京地区主要暖季型草坪草

1. 百慕达草（又名杂交狗牙根）

禾本科狗牙根属多年生草本。具根茎，须根细而坚韧，匍匐茎平铺地面或埋入土中。高度耐热，有的品种能耐40~45℃的高温。日均气温降到−2~−30℃时，地上部分茎叶枯黄或枯死。能抗较长期的干旱，怕淹水。喜光，不耐阴。土壤适应性强，从沙土至重黏土，都能生长，耐肥也耐瘠。

狗牙根在我国广州、深圳一带为常绿，在南京一带绿期270天左右，北京仅为180天左右。杂交狗牙根是狗牙根与同属不同种杂交产生的子一代中选出的品种，其不结实，需营养繁殖。深绿色，质地细密，耐低剪，景观佳，耐践踏，但耐寒性差，养护管理要求细致，春季返青较迟（图3.4~图3.6）。

图3.4 江苏省园艺博览园南通展区百慕达草坪

图3.5 金色家园百慕达草坪

图3.6 梅花山庄保护草坪防止践踏

2. 沟叶结缕草（又名马尼拉草）

禾本科结缕草属多年生草本。叶的宽度介于结缕草与细叶结缕草之间，叶片宽度2mm左右，对折。

喜热，较耐寒，-13℃影响越冬器官的安全，会冻死或冻伤。喜湿，较耐旱。喜光，不耐阴。对土壤要求不严，比较耐盐。上海、南京一带绿期260天左右，北京露地栽培不能越冬（图3.7）。

图3.7 帝豪花园马尼拉草坪景观

3. 假俭草（又名蜈蚣草）

禾本科蜈蚣草属多年生草本植物。植丛低矮，高仅10~15cm，具有贴地生长的匍匐茎。喜热，较耐寒。温度降至10℃，叶色由绿逐渐染红而成紫绿色。-15℃下可安全越冬。喜湿，但怕旱。喜光、亦耐阴。在湿润、疏松的沙质土壤中生长发育良好。喜酸性土壤，耐盐性差。上海地区绿期250~260天，南京绿期230~250天，连云港200天或略短。

4. 小花马蹄金（又名马蹄金）

旋花科马蹄金属多年生草本。具匍匐茎，节着地生根。叶扁平，叶片肾形，近圆形，能密覆地面。

喜光及温暖湿润气候，耐阴能力较强。对土壤要求不严，但在肥沃处生长茂盛。能耐一定低温，在南京栽培，冬季寒冷时上层部分叶片表面变褐色，但仍能安全越冬。能安全越夏，但耐旱力不强（图3.8）。

第三节 暖季型草坪的盖播

将冬绿型草种（如黑麦草、早熟禾）在夏绿型草坪上盖播，可形成四季常绿的草坪。上海、南京地区，在狗牙根草坪上盖播黑麦草，无论景观、

图3.8 镇江焦山马蹄金草坪用麦冬镶边

使用价值都优于单用高羊茅等冬绿草坪，而栽培管理成本相仿或略低，但欠缺的是需要年年盖播，比较费事。

长三角地区地处南北过渡带，由于夏季酷热，冬季寒冷，使得草坪建植出现了这样的局面：建植冷季型草坪，绿期虽长，但管理强度大，管理费用高；建植暖季型草坪，管理虽比较简单，但绿期短，有5个月左右的枯黄期，还容易引起火灾。现在，在暖季型草坪上秋季盖播黑麦草正是解决上述矛盾的有效途径之一。

一、草种的选择

草坪建植，选择草种是首要一步，选得好，可事半功倍，选不好则事倍功半，甚至会前功尽弃。盖播草坪同样要选择好适合盖播的草种。应该说，很多冷季型草种也可以在暖季型草坪上进行盖播，比如粗茎早熟禾、高羊茅等。但由于这些草种出苗速度慢，或出苗一致性差，或叶片色泽不理想，或退化过早过迟等原因，再加上价格较高，这些冷季型草种与黑麦草相比，用于盖播不具优势。

选择什么样的黑麦草草种用于盖播，能达到既经济又美观的目的呢？盖播草坪对草种的要求是：

1. 建坪快

在暖季型草坪枯黄前较快成坪，以保证草坪的观赏、使用。

2. 坪观好

盖播草成坪后，首先要色泽漂亮，其次抗寒性强，再者容易管理。

3. 退化快

来年春天暖季型草复苏时，盖播

草坪应尽快消失，以利暖季型草坪迅速返青。

4. 价格低

采用专用盖播型的多年生黑麦草，最近几年在南京、常州、上海、马鞍山、安庆等长江中下游地区用于冬季盖播，表现良好。其不仅可用于公园、工厂、机关等一般绿化，也可用于高尔夫球场、体育场及其他对草坪质量要求高的地方。

二、播种期

选择适当的播种期是盖播成功的重要环节。过早盖播，原暖季型草还处于生长期，色泽尚未枯黄，盖播草坪的坪观效果不明显，盖播草坪的管理成本也会相应增加，既不科学又不经济。过迟盖播，气温低，雨水少，盖播草种发芽慢，苗期长，成坪时间相应的也长；原暖季型草已进入休眠期，色泽枯黄，盖播草坪尚未成坪，盖播的功能就受影响。

南京地区一般在十月中旬至十一月中旬进行盖播比较适合。当然特殊年份，如暖冬则可推迟，冷冬则应提早。

特殊情况下，如果耽误了最佳播种时期，采用覆盖薄膜的方法，也可在较寒冷季节盖播黑麦草。覆盖的薄膜用后保存好，来年还可反复使用。覆盖薄膜要注意的是：黑麦草发芽出苗后要及时掀开薄膜。

三、盖播方法

盖播草坪同裸土建植草坪不同，它是在原有暖季型草坪上追加播种，其关键步骤如下：

1. 低修剪

播撒草种前要对原草坪进行一次低修剪，修剪后留茬高度最好小于2cm。

2. 梳去枯草层

有些暖季型草坪，由于年代较长或疏于养护，形成草毡，它不但会阻碍盖播草种落地生根，同时也会阻碍对水分、空气、养分的吸收，严重影响盖播的草种发芽、出苗、生长。对土壤板结的草坪要进行打孔，否则盖播的草坪长不好。

3. 播撒草种

播撒要均匀，人工播撒可采取"分段定量、纵横交叉、二次播完"的方法播种。尽量在无风或微风的情况下播种，若风力较大，一定要弯腰贴近地面播撒；如果用播种机播种，则播撒更均匀，效率也高，效果则更好。草种播撒后应进行覆沙处理，覆沙厚度一般在0.3cm左右，应均匀一致。草种盖播的密度一般是30g/m²左右。

4. 振动轻拍

草种撒下去后有一部分会悬在原草坪的茎叶上，通过振动轻拍，可将草种大部分落到土上。

5. 浇水

播种后应及时浇水，一方面可保持坪床湿润，另一方面可将剩余的悬浮草种击落至土上。通常从播种到出苗每天早晚喷浇一次水，出苗后可减少浇水次数，成坪后按一般草坪养护方法进行。

6. 修剪

当盖播的黑麦草长至10cm左右时可进行第一次修剪，以促进幼苗分蘖，加快成坪速度。修剪应遵循"1/3"原则，即剪去1/3，保留2/3。逐次修剪到理想的留茬高度。一般绿地的留茬高度为2.5~5cm。

四、来年春季的管理要点

来年入春地温上升，暖季型草从休眠转向复苏，为了促使盖播草坪退化、消失，促进原暖季型草坪返青，应注意以下几点：

1. 加大低修剪频率

3月份开始每7~10天剪草一次，且低修剪至2cm，因暖季型草比较耐低修剪，而不耐热的黑麦草不耐低修剪，所以黑麦草能较快退出。

2. 尽量少浇水，不施肥

在水肥条件较好的状态下，黑麦草不易退化，暖季型草返青必然受到影响。

3. 使用草甘膦（除草剂）、多效唑（矮壮素），可抑制黑麦草生长，促进其消退

黑麦草与高羊茅草同为城市冬季草坪的主要绿草，但高羊茅草维护成本较高，远不如黑麦草和狗牙根草"混植"划算；再者，适当种植一些黑麦草，可以使城市绿化更加多样化，冬季草坪的绿色更为鲜丽（图3.9~图3.16）。

图3.9　总统府盖播的一年生黑麦草

图3.10　江宁高湖河滨广场盖播的一年生黑麦草

图3.11　东水关公园盖播的一年生黑麦草

图3.13　市政府大院盖播的多年生黑麦草

图3.12　江宁凤凰台广场盖播的多年生黑麦草

图3.14　南京女子中专校园内盖播的多年生黑麦草

图3.15　常州恐龙园盖播的多年生黑麦草

图3.16　雨花广场盖播的多年生黑麦草

南京地区也有使用百慕达草上盖播早熟禾，即果岭草来铺植草坪，冬季景观效果好（图3.17）。

图3.17 江宁天印湖广场铺植的果岭草

图3.18 江苏省政府大院黑麦草草坪的推剪

第四节 草坪的养护管理

良好的养护管理，可以延长草坪的寿命和品质，若管理不妥，则草坪很快就会衰退。

一、草坪修剪

草坪修剪是养护管理中最频繁，花钱最多的项目。通过修剪可以抑制草坪草地上部分及其顶端生长，促进分枝或分蘖。科学修剪对于提高草坪品质，如盖度、密度、均匀度、强度、绿色程度等都有着极其重要的意义，修剪还可以消减杂草，控制草害的发生。

修剪留茬若过低，由于供应养分不足，会造成草坪的衰退，留茬高度以不影响草坪草正常生长发育和使用功能为标准。

一般情况下，当修剪后草坪草又生长到留茬高度1.5倍时应进行第2次修剪。

剪草时剪去实际草高度的1/3，留茬2/3，这就是著名的"1/3原则"。常见草坪草修剪留茬高度，见表3.1。

同一块草坪的修剪最忌总是同一起点，按同一方向、同一路线进行，长期这样修剪，会出现层痕，使草坪品质下降。

修剪后的草渣若很短，可任其散落于草坪中，作为肥料；若草渣较长，应运出草坪，可作为堆肥的原料。使用割草机时，应从草坪的边缘开始，逐圈向中心割草，这样清扫时，只需中心部分进行而不是整块草坪（图3.18~图3.20）。

白三叶草、小花马蹄金草坪，不宜修剪，只需滚压。

注意不要把草皮种在树下，以免割草机伤着树干而损伤树木。

图3.19 草坪未及时推剪

图3.20 草坪未及时推剪

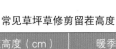

常见草坪草修剪留茬高度　　　　　　　　　　表3.1

冷季型草种	留茬高度（cm）	暖季型草种	留茬高度（cm）
匍茎剪股颖	0.6~1.3	狗牙根	1.3~3.8
草地早熟禾	2.5~5.0	杂交狗牙根	0.6~2.5
高羊茅	3.8~7.6	结缕草	1.3~5.0
黑麦草	3.8~5.0	假俭草	2.5~5.0

二、灌溉

在草坪生长季节中，普通干旱情况下，每周浇水一次；干旱季节，每周浇水两次或两次以上；在天气凉爽时，可十天左右浇水一次。

草坪灌溉可遵循干至一定程度后再灌水的方法，浇水时必须浇透。

三、施肥

草坪施肥，应以氮肥为主，配合钾、磷肥。每年至少应施一次有机肥，可结合培土平整草坪地面。进行施肥量为每 $100m^2$ 年施堆肥 $1\sim1.2m^3$。所施的有机肥，以自制的草渣堆肥最为经济、简便、易行。施用时间通常为草坪进入休眠之后至返青前均可。也可施用饼肥，每 $100m^2$ 草坪施饼肥 $5\sim10kg$，然后再施用改良壤土或砂 $0.5\sim1m^3$。

在施用堆肥等有机肥的基础上，每年追肥 $2\sim3$ 次。第一次在返青之后；第二、三次根据草坪长势适当补充。追肥宜选用化肥，可以将化肥溶于水中喷施或渗施于草坪中，或穴施，也可撒施。

四、培土与铺砂

培土能修复草坪凹凸不平的表面，保持草坪平整。培土与铺砂在草坪萌芽期前及生长旺季进行最好，一年一次，在培土或铺砂前应先行修剪。

培土是将砂、土壤和有机肥料按一定比例混合均匀撒在草坪表面的作业。培土物质需要过筛，不能含有杂草种子、病菌、害虫，按土：砂：有机肥料 $1:1:1$ 或 $2:1:1$ 的比例混合均匀。培土或铺砂的厚度为 $0.5\sim1cm$。

五、草坪通气

草坪在使用一段时间后，由于镇压、浇水、践踏等原因使坪床板结，加上草坪本身的新老交替，易形成草垫层；造成坪床土壤通透性不良，肥力下降，生活力低下，危及草坪草根系的生长发育，严重影响草坪的寿命和景观。草坪中通常采用中耕松土、打洞等措施改良坪床结构，增加通透性，加快草垫层的分解，促进草坪草的生长发育。

中耕一般为土表松土，通常用人工进行。面积小的可用耙子在纵、横、斜向来回耙松土壤表面；面积大的可用梳草机进行。

草坪打孔用打孔机进行。打孔时间应选择在草坪草生长旺季进行，应避开杂草种子的成熟和萌发生长期。打孔后应立即进行施肥和浇水、拖平。打洞挖出的土应尽可能运走或进行拖平或使其粉碎后均匀撒在草坪表面。

六、切边

切边即是用切边工具切齐草坪的边，使之线条清晰，增加景观效果。切边通常在草坪生长旺盛时进行，同时消除周边的杂草。可以人工操作，也可以使用切边机进行。切边宽度则不大于 15cm 为宜（图 3.21～图 3.28）。

图3.21 草坪与色块植物间未切边

图3.22 草坪与色块植物间未切边

图3.23 草坪与色块植物间未切边

图3.24 草坪与色块植物间未切边

图3.25　草坪与色块植物间已切边

图3.27　草坪与色块植物间已切边

图3.26　草坪与色块植物间已切边

图3.28　草坪与葱兰间已切边

七、杂草防治

生长在草坪绿地中的非该草坪草种，同时起着破坏景观、降低草坪品质、影响使用价值的草本植物，统称为杂草。杂草与草坪争肥争水，且也是病虫的寄生地，破坏草坪景观。

杂草可分为双子叶（阔叶）杂草和单子叶（窄叶）杂草。也可分为1、2年生杂草和多年生杂草。1、2年生杂草都用种子繁殖，多年生杂草有的以种子繁殖为主，有的以营养繁殖为主，也有的两种繁殖能力都很强。

以种子繁殖为主的杂草，目前的杂草防除技术都能有效处理，属于可控杂草。但是具有营养繁殖器官，尤其是种子繁殖和营养繁殖能力都十分强大的杂草，极难清除，属于恶性杂草。如双子叶杂草莲子草（水花生）、白三叶草，单子叶杂草香附子、白茅等。

杂草的主要防治方法：一是连续多次反复地修剪、滚压；二是人工剔除、拔除；三是化学除草。常用的除草剂有：三氯吡氧乙酸、茅草枯、二甲四氯、2.4-D、麦草畏、禾草克、益草能、西马津、阿特拉津、赛克津、敌草隆、环草隆、伏草隆、拿草特、氟草胺、草乃敌、二甲戊乐灵、地散磷、苯达松、恶草灵等。

目前尚没有能防除草坪内所有杂草种类的除草剂，每种除草剂具有一定的防除对象。混用两种或两种以上的除草剂，能够提高除草能力。如防治禾草草坪中的双子叶杂草，将二甲四氯和麦草畏混合使用效果较好。

施用除草剂应注意温度、湿度、日照、雨、风等因素，一般施药后8~24小时内无雨方能保证药效，大风天不宜施药。在喷洒灭生型或广谱型除草剂时，要十分注意不要喷洒在周围的树木花草上。同时，阻止草坪周边地区的杂草开花结实，切断杂草侵染的途径也十分重要（图3.29~图3.33）。

图3.29　草坪未及时推剪，易生杂草

图3.30　草坪杂草丛生，需要更新重铺

图3.31　百慕达草坪上成片的三叶草应去除

图3.32　百慕达草坪上阔叶杂草丛生

图3.33　草根很深，难以除净的香附子草

八、"天窗"的修补

天窗是指草坪内出现的裸地，也称秃斑、秃块、空秃等。

对草坪中出现的天窗，应及时修补。如地块内的土壤比较紧实，应进行翻松处理，受到污染的土壤应予换土，施足有机肥，平整土面后进行补种、补栽、补铺。补完天窗，土面应略高出原草坪土面，并予滚压。若新草坪沉陷，应继续培土、滚压，直至新老草坪形成一体（图3.34~图3.39）。

九、一级草坪管理标准

按照上海市《园林绿地养护技术等级标准》，一级草坪管理标准为：

（1）草种纯，色泽均匀；

（2）成坪高度：冷季型6~7cm，暖季型4~5cm，草坪面貌达到平坦整洁；

图3.34 草坪有空秃，有积水

图3.37 草坪空秃严重

图3.35 草坪有空秃

图3.38 草坪有空秃，未及时推剪

图3.36 草坪有空秃

从某种意义上说，粉碎后的树皮、碎木片、枯枝落叶等，以适当的厚度铺设在大树下，它能保护土层不被冲刷，避免尘土飞扬，控制杂草滋生，腐烂以后转化为肥分，可以代替施肥，可称为无生命的死地被层或"人造地被"。

一、地被植物的分类

1. 常指的活地被植物按生态环境区分

1）阳性地被植物类：如常夏石竹、半支莲、紫茉莉等。

2）阴性地被植物类：如虎耳草、连钱草、玉簪、金毛蕨、蝴蝶花、白芨、桃叶珊瑚、天竺、大吴风草等。

3）半阴性地被植物类：如诸葛菜、蔓长春花、石蒜、细叶麦冬、常春藤、八角金盘等。

2. 按植物种类区分

1）草本地被植物类：如鸢尾、葱兰、麦冬、石蒜、二月兰、紫茉莉等。

2）藤本地被植物类：如络石、常春藤、扶芳藤、薜荔等。

3）蕨类地被植物类：如贯众、单芽狗脊、蜈蚣蕨、东方荚果蕨等。

4）矮竹地被植物类：如菲白竹、岩竹、凤尾竹、鹅毛竹、倭竹、翠竹等。

5）矮灌木地被植物类：如铺地柏、爬地龙柏、八角金盘、南天竹、小棕桐、映山红、毛鹃、桃叶珊瑚等。

二、地被植物的养护与管理

1. 增加土壤肥力

施肥方法有喷施法，在植物生长期进行，可以增施稀薄的硫酸铵、尿素、过磷酸钙、氯化钾、复合肥等无机肥料。亦可在早春或秋末和植物休眠期前后，采用撒施方法结合加土进行，对植物根部越冬有利。

2. 抗旱浇水

一般情况下，可不必浇水，出现连续干旱无雨时，为防止植物受害，应进行抗旱浇水。

3. 防止空秃

一旦出现空秃，应立即检查原因，翻松土层；如果土质欠佳，应进行换土，并以同类型地被进行补秃，恢复景观。

（3）修剪后无残留草屑，剪口无焦口、撕裂现象。

第五节　地被植物

地被植物是指覆盖在地表面的低矮植物。其特点是覆盖力强，繁殖容易，养护管理粗放，适应能力较强，种植以后不需经常更换，能保持连年持久不衰（图3.40~图3.95）。

图3.39 草坪有空秃，景观受损

图3.40 北极阁林下的常春藤

图3.41 上海植物园兰园林下的花叶常春藤

图3.42 城南河广场台坡上的常春藤

4. 修剪

一般品种，以粗放管理为主，不需要经常修剪。有些开花地被植物，如玉簪、紫萼、石蒜在花后，应及时将残花剪去。对毛鹃、夏鹃等观花植物，可将过高的枝头剪去，保持相对平整。对八角金盘，为防止长得过高，可采用摘心打头的方法。

5. 更新复苏

对一些观花类球根、宿根地被，必须每隔5~6年进行一次分根翻种，应将衰老的植株及病株去除，选取健壮者重新栽种。

6. 地被群落的调整与提高

地被植物并非一次栽植后一成不变，必要时应进行适当的调整与提高。如在麦冬中，增添一些石蒜、忽地笑，将二月兰与紫茉莉混种，则花期交替，效果显著。

图3.43 上海植物园林下的长春蔓

图3.44 梅山市政绿化公司林下的三七景天

图3.45 梅山市政绿化公司林下的匍枝亮绿忍冬

图3.46 玄武湖公园台城的熊掌木

图3.47 秦淮绿洲名镜雅筑栽植的金边女贞

图3.48 仁恒翠竹园棕榈下的花叶长春蔓

图3.49 仁恒翠竹园的菲白竹

图3.50 南通狼山森林公园的菲白竹

图3.54 紫叶酢浆草

图3.51 苏州拙政园的络石

图3.55 花池中的紫叶酢浆草

图3.58 沿墙栽植的紫萼

图3.52 林下的桃叶珊瑚

图3.56 赤胫散

图3.59 胜利广场树丛下的紫萼

图3.53 蕨类植物单芽狗脊

图3.57 成片的葱兰

图3.60 多花筋骨草

图3.61 香樟树下的鸢尾

图3.68 胜利广场的阴绣球、紫萼

图3.69 日本阴绣球

图3.62 淮安动物园的白花鸢尾

图3.65 红叶景天

图3.70 树盘中的玉龙草

图3.63 成片的大花萱草

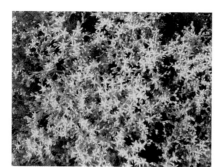

图3.66 佛甲草

图3.71 中山陵树林下的麦冬

图3.64 古林公园林下的红花酢浆草

图3.67 梅山市政绿化公司的垂盆草

图3.72 绿博园的花叶加拿利常春藤冬景

图3.73 绿博园竹林下的斑叶大吴风草

图3.74 玄武湖公园的大吴风草

图3.75 江阴百花园栽植的花叶长春蔓

图3.79 扬州瘦西湖湖岸种植的蓼科植物

图3.80 菊花台公园栽植的花叶活血丹

图3.76 上海植物园林下成片的石蒜属植物

图3.81 花叶络石

图3.82 玄武湖公园湖岸种植的玉竹

图3.77 林下种植的吉祥草

图3.78 树林下的石蒜

图3.83 玄武湖公园种植的金边麦冬

图3.84 玄武湖林下种植的虎耳草

图3.85 玄武湖台城栽植耐阴的八角金盘、天竺、万年青

图3.89 月牙湖广场(五期)栽植的扶芳藤冬景

图3.86 林下的诸葛菜

图3.90 总统府栽植的绵毛水苏

图3.94 校园内黄土裸露

图3.87 翠屏山广场用树皮遮盖树盘

图3.91 总统府栽植的红脉酸模

图3.92 绿博园栽植的羊齿天门冬

图3.95 街头绿地树林下黄土裸露

图3.88 山西路广场用松皮遮盖树盘

图3.93 绿博园栽植的菊花脑

第 四 章
观赏花木的整形修剪

　　修剪是对树木的某些器官，如茎、枝、叶、花、果、芽、根等进行剪裁或删除的措施。整形是对植株施行一定的修剪措施而形成某种树体结构形态的方法。整形要通过一定的修剪手段来完成，而修剪是在一定的整形基础上，根据某种目的要求而实施的。

　　本章介绍了整形修剪的目的、修剪工具和设备、整形修剪的基本原理、观赏花木的形态特征和修剪时间、整形和修剪的方法，以及常见树木（如：西府海棠、月季花、梅花、桃花、紫叶李、紫荆、郁李、贴梗海棠、牡丹、迎春、木槿、紫薇、结香、金丝桃、绣球花、蜡梅、五针松）的整形修剪方法；并附有各类植物的修剪造型及修剪工具设备的图片。

修剪是对树木的某些器官，如茎、枝、叶、花、果、芽、根等进行剪截或删除的措施。整形是对植株施行一定的修剪措施而形成某种树体结构形态的方法。整形是通过一定的修剪手段来完成，而修剪则是在一定的整形基础上，根据某种目的要求而实施的。

第一节　整形修剪的目的

一、保证苗木移栽成活

植物的茎、叶、花、果是依靠根系来供应水分及溶于土壤水分中的营养元素。在正常情况下，由于地下根系和地上植株的营养物质相互供应和交流，它们的生长量彼此保持着一定的比例关系。

树木在挖苗移植时，由于切断了主根、侧根和须根，必然会造成树体上下比例的失调。由于根系的大量损伤，大多不能马上供给地上植株充足的水分和营养，以致造成苗木死亡。因此在起苗之前或定植以后应立即进行修剪，使地上和地下两个部分保持相对的平衡。

二、控制树体大小

在园林绿地中种植的花木都不能任其自然生长，必须通过修剪来控制树体的大小，以免拥挤不堪，变成乱树丛。

在靠输电线路的公路及人行道的两侧，以及建筑物的四周，都需要绿化。为了防止枝梢损坏电线、影响交通和室内采光，也应当经常修剪，控制树冠向高空和两侧发展，以保证公共设施的安全。

三、培育良好的树形

合理修剪能使树木的主、侧枝分布均匀，外形整齐美观，通风透光，使侧枝着生位置和角度合适，主从关系合理；养分集中，控制徒长，使生长达到平衡。对一些有特定要求的树木还可通过修剪，形成观赏所需的各种造型（如球形、圆柱形、塔形及各种生动的造型），达到耐人寻味的艺术效果，使其观赏价值提高（图4.1~图4.8）。

图4.1　经常进行整形修剪培育而成的龙柏

图4.2　未经整形修剪的龙柏

图4.3　整形修剪成乔木形的海桐

图4.4　树姿优美的瓜子黄杨孤赏树

图4.5　树姿优美的罗汉松孤赏树

图4.6　树姿优美的八角金盘孤赏树

四、防灾减灾，促进树木的健康生长

修剪是防治病虫害的有效措施之

图4.7　树姿优美的鸡爪槭孤赏树

图4.8　树姿优美的丛植红枫

一，通过正确的修剪来保持树体均衡，对冠内枝合理修剪，可以改善通风透光条件，使植株苗壮生长；对病虫枯枝进行修剪，可以减少病虫害的发生和蔓延；在风害严重地区对树木进行合理修剪，可防止倒伏，减轻风灾危害；及时剪掉不必要的徒长枝和根蘖条，可防止营养的无谓消耗；通过修剪还可延缓树体的衰老，促进树木的更新复壮。

五、调节营养生长与生殖生长的平衡

合理修剪有利于观果树木提高产量，所以，不能单纯为了追求树形美而强作树形，而应着重调节树体营养的合理分配。要防止徒长，使养分集中供应给顶芽和腋芽，促进它们分化成花芽，以使其形成更多的花枝和果枝来提高产量。同时要防止大小年结果现象，使产量年年接近平衡。如果花芽、着花、着果太多，就必须疏剪花芽和部分花果，以促进枝叶的生长和新的花芽的分化。

果树修剪是一项专门的技术，首先要把各种果树的结果习性搞清楚。就拿葡萄来说，品种不同，其结果习性也不一样。在搞不清结果习性的情况下就去修剪果树，很可能会把结果枝和花芽剪掉，以致不能达到生产水果的目的。

六、保障人身和财产的安全

树上的死枝、枯枝、劈裂和断折枝，极易在风吹雨打时坠落，给人们的生命财产造成损害，应及时处理；树木的下垂枝，如果妨碍行人和车辆通行，必须修剪至离地面2.5~3.5m高度，这对于行道树则更加重要；对于与架空线路距离太近或已接触的枝条，应将其修剪至符合要求的位置；为了防止树木对房屋等建筑物造成损害，也应进行合理的修剪（图4.9）。

七、保持景观的优美和观赏

在风景区或公园绿地中，当人们登高眺望远景或鸟瞰园林景色时，应在主要观赏位置留出风景透视线，必要时，应对一些有碍观瞻的树木进行适当修剪或者移植。

在园林绿地中，有些建筑物、假山石等观赏主景被花木遮挡，影响观赏和摄影，也必须进行合理的修剪（图4.10）。

图4.9　通过修剪法桐，解决与架空线路的矛盾

图4.10　树木枝叶挡住了雕塑

第二节 修剪工具、设备和涂料

一、修剪工具、设备

随着园林事业的飞速发展和家庭园艺的兴起，在园林或农林专业商店、五金店、百货商店等，均有树木修剪工具出售，这些工具的质量悬殊，就拿修枝剪来说，有几元钱一把的廉价品种，也有100余元一把的进口高档品种。对于专业单位来说，购买齐全的修剪工具和设备是必要的，可以根据具体情况和修剪对象精心选择，以提高修剪质量和工作效率（图4.11~图4.20）。

各种修剪工具的转动部分和弹簧应加注润滑油。工具使用后，用煤油把刀刃和锯齿上的污物擦洗干净；长期不用时，要涂上机油防锈。

为了保证安全，上树修剪时，工人必须使用保险带。

1. 普通修枝剪

这是园林工人和花木爱好者必备的修剪工具。使用修枝剪可将直径在2cm左右的粗枝都剪断。廉价的产品刀刃常易崩裂，剪口容易松动，易把枝条剪劈，刀口也不够平滑，剪柄中央的弹簧常会脱落。

2. 长把修枝剪

长把修枝剪的剪刀呈新月形，没有弹簧，手柄很长，因此杠杆的作用力较大。在双手各握一个剪柄的情况下操作，修剪速度也不慢，在修剪较高大的树木时，不用梯子也能完成修剪任务。

3. 高枝剪

为了短截高大乔木的顶端枝条，可使用高枝剪。它装有一根能够伸缩的铝合金长柄，可以随着修剪高度调整。在刀叶的尾部绑有一根尼龙绳，修剪的动力是靠猛拉这根尼龙绳来完成的。在刀叶和剪筒之间还装有一根钢丝弹簧，在放松尼龙绳的情况下，可使刀叶和镰刀形固定剪片自动分离而张开。廉价的高枝剪没有配备可以伸缩的金属长柄，但可以根据修剪的高度安上一根木棍。

使用高枝剪时可以不用梯子，因此相当安全；但短截修剪时，剪口位置不够准确。

4. 手动绿篱剪

在修剪绿篱或球类植物、色块植物时，如果用普通修枝剪去短截修剪，不但工效很低，而且很难剪得非常平整，这时就应当使用手动绿篱剪。手动绿篱剪的条形刀片很长，每一剪可以去掉不少树梢，但因其刀面较薄，只能用来平剪植物嫩梢而不能修剪粗枝。个别粗枝应当先用普通修枝剪剪除，再使用绿篱剪。

5. 绿篱修剪机

绿篱修剪机可以根据修剪对象进

图4.11 使用绿篱修剪机修剪色块植物

行选择。一般轻型产品适合修剪绿篱的从顶嫩梢；中型产品可以剪较粗的阔叶绿篱；如需把一些过高的绿篱大幅度压低，则应使用重型产品。

6. 切根锹

在花木移栽进行根系修剪时，可使用特别的切根锹。这种工具锹面很长并且较薄，能够插入土层，把较粗的侧根切断；锹头的刃口比较锋利，可以用脚把锹板猛力踏入土层，能够把直径3cm以上的粗根切断。

7. 修枝锯

当你锯截一些中型树枝时，单面手锯非常适用，由于其锯片很狭，可以深入到树丛当中去锯截，操作相当灵活。

当你锯截粗壮大枝时，应使用宽大的双面修枝锯。这种锯的锯片两侧都有锯齿，一边是细齿，另一边是由深浅两层锯齿组成的粗齿。锯截活枝时可以使用细齿，锯截枯死枝时应使用粗齿，能大大提高工效。

8. 高枝油锯

在修剪树冠上部大枝时，应配备高枝油锯，因为高枝剪只能剪断一些小的枝梢，高枝油锯可以方便地把大枝锯断。

图4.12 使用手动绿篱剪和绿篱修剪机修剪绿篱

图4.13 运用高枝剪修剪棕榈枯死叶

图4.14 用高枝油锯修剪大枝

图4.15 用油锯修剪椤木石楠大枝

图4.17-1 修剪前的龙爪槐

图4.17-2 用修枝剪修剪龙爪槐

图4.17-3 修剪后的龙爪槐

图4.16 用高枝油锯修剪黑松

图4.18 云南黄馨发枝力强，应经常整形修剪

图4.19 用高枝油锯修剪法桐

图4.20 为了保证安全，工人上树修剪必须使用保险带

二、花木的封口涂料

对于是否使用涂料来封住剪截后留下的伤口往往意见不一，因为一些不良的封口涂料会妨碍形成层产生愈伤组织。如果在春末夏初修剪，这时树体内的树液流畅，新陈代谢旺盛，不用涂料封住，伤口也能很快愈合；而在闷热的多雨季节进行夏季修剪时，为了防止霉菌滋生，使用涂料封住伤口就显得很有必要了。

选用的封口涂料要求容易涂抹，黏着性好，受热不熔化，不透雨水，不腐蚀树体组织，又有防腐消毒的作用；通常使用的有以下种类：

1. 固体涂料

取松香、蜂蜡、动物油，按4：2：1

的重量比备料。先把动物油放锅里加热熔化，然后将旺火撤掉，立即加入松香和蜂蜡，再用文火加热并充分搅拌，待冷凝后取出，装入密封的塑料袋内备用。使用时稍加温让它们软化，用油灰刀把它们抹在大型伤口上。

2. 液体涂料

取松香、动物油、酒精、松节油作原料，按10：2：6：1的重量比备料。先把松香和动物油一起放入锅内加热，待熔化后立即取出，稍冷却后再倒入酒精和松节油，搅拌均匀，然后倒入瓶内密封贮藏。这种涂料适用于封固小型伤口，使用时用毛刷涂抹。

3. 油漆涂料

油漆也能防止伤口干裂和腐烂，还有人使用喷枪将油漆喷在大型伤口上。对一些尚未充分木质化的小型枝条来说，油漆会伤害幼嫩的形成层，常会在剪口下留下一段干桩。油漆的颜色宜与树皮的颜色一致。

4. 激素涂料

使用激素涂料，如含有0.01%~0.1%的萘乙酸涂在伤口表面，可促进伤口愈合。

对长在树上的瘿瘤可先用利锯锯掉，再涂抹3%~5%的硫酸铜溶液或0.1%的升汞水消毒，或采用其他杀菌剂涂抹，再涂上固体接蜡或包扎塑料保鲜膜防护。

第三节 整形修剪的基本原理

一、根据花木园林用途整形修剪

树木在不同性质的绿地中，其用途不同，整形修剪的要求也不同。不同的树木形态，形成不同的观赏效果。例如，作行道树的悬铃木、绿地中孤植的悬铃木和风景林中的悬铃木，因用途不同，其修剪的要求、形式也不同。

二、根据树木的生物学特性整形修剪

1. 修剪程度

不同树龄的树木，修剪程度也不同。幼树为了尽快形成树体结构，树干各级骨干枝的延长枝，应以短截为

主，促进营养生长。幼树修剪要注意重剪后往往会造成秋季枝条不能及时停止生长，导致发育不充实，而降低抗寒能力，形成梢部冻害。成年树木，正处在旺盛生长、开花、结果阶段，应注意调节生长和开花结果之间的关系，防止开花结果过多，造成树体衰弱。树木进入老龄阶段，由于生长势降低，每年枝条的生长量小于枯死量，因此对老树应适量重修剪，刺激抽生更新枝，以利于恢复老树的生长势。

2. 修剪方法

不同树种修剪的方法也不尽相同。各种树木的生长发育习性是不相同的，观赏树木在长期的进化过程中形成了一定的分枝规律，一般有主轴分枝、合轴分枝、假二叉分枝、多歧分枝等。

1）主轴分枝式（又称总状分枝）

主轴分枝式树木的顶芽优势很强，生长势旺，顶梢每年继续向上生长，易形成高大通直的树干。如雪松、龙柏、水杉、池杉、杨树、马褂木等。

2）合轴分枝式（又称假轴分枝）

合轴分枝式树木的新梢在生长期末，因顶端分生组织生长缓慢，顶芽不充实，到冬季常会造成干枯死亡；有的枝顶因形成花芽而不能向上生长，被顶端下部的侧芽取而代之，继续向上生长。这种由侧芽抽枝逐渐合成的分枝形式称为合轴分枝，如悬铃木、柳树、榉树等。这些类型的树木，在幼树时，应培养中心主枝，合理选择和安排各侧枝，以达到骨干枝明显、分枝合理的树形。

3）假二叉分枝式（又称二叉分枝）

树干顶梢在生长季末，不能形成顶芽，而下面的侧芽又对生，在以后的生长季节内，往往两枝条长势均衡，向相对方向分生侧枝，称为假二叉分枝。假二叉分枝式的树木有泡桐、丁香、女贞、桂花等。修剪时可剥除枝顶对生芽中的一个芽，留一个壮芽来培养树干的高度。

4）多歧分枝式

多歧分枝式树种的顶梢在生长季末，枝条生长不充实，侧芽节间短，

或在顶梢直接形成3个以上长势均等的顶芽；在下一个生长季节，每个枝条顶梢又抽出3个以上的新梢同时生长，致使树干低矮，如紫薇、桃树、紫叶李、木瓜等。这类树种在幼树整形时，可采用抹芽的办法，或者短截，重新培养中心枝来培养树形。

5）多主枝式、多主干式

多主枝式、多主干式树种，无明显主干，树木形态呈丛枝式，植株较低矮，如紫荆、夹竹桃、结香等。

此外主枝与中央领导枝的角度不同，其开花数量与结果数量也不同。主枝与中央领导枝的角度小，则生长势强，形成花芽少；角度大，长势弱，形成花芽多；角度适中，则结果多。

树木的顶端优势：在枝芽的养分竞争中顶芽处于优势，所以树木顶芽萌发的枝条在生长上也总是占有优势。针叶树的顶端优势较强，在培养球形或特殊的矮化树形时，采用剪除中心主枝的办法，使主枝顶端优势转移到侧枝上去，可以创造出各种矮化的几何状树形。阔叶树的顶端优势较弱，因此常形成椭圆形的树冠。幼树的顶端优势比老树明显。树枝着生的部位越高，生长势也就越强。

顶端生长势强弱不同，树木的形态与修剪方法也不同。顶端优势强的树种，整形时应留主干、主枝，形成卵形、椭圆形、倒卵形树冠；顶端优势不强，而发枝力很强的树种，整形时应使其形成自然球形、扁球形树冠；垂枝形的树木，枝条下垂并开张，可以整形成伞形树冠。

三、根据立地环境条件整形修剪

1. 根据立地条件的不同整形修剪

立地条件不同的生态环境，则整形修剪的方式也不同。生长在土壤瘠薄和地下水位较高处的树木，主干应留低些，树冠相应小一些；风口或多风地区的树木应采取低干、矮冠、枝条相应稀疏的方法进行整形修剪。

2. 根据配置方式的不同整形修剪

配置方式不同，整形修剪的方式也不同。生长在开阔空间的树木，例如孤赏木，在不影响周围植物生长的情况下，可使分枝尽可能开张，扩大树冠。配置在树林或树群中的树木，因空间较小，应通过修剪控制植株的体量，以防拥挤不堪，影响树木的观赏效果（图4.21～图4.23）。

3. 根据配置位置的不同整形修剪

同一树种配置在不同的园林环境中，整形修剪的方式也不相同。树木的修剪应与周围景观相协调，以提高其观赏效果。行道树受街道的走向、两边的建筑和地下管线等的影响，整形修剪时必须考虑这些因素；如树木枝下高统一定干的问题，树木经过修剪整形后的树冠形态应尽可能相似的问题，以及树木和管线之间的矛盾等问题（图4.24～图4.41）。

图4.22 与环境协调的无主头的雪松

图4.23 整修成乔木形的石楠树

图4.21 与环境协调的无主头的雪松

图4.24 整齐的香樟行道树

图4.25 新华路上整齐的广玉兰行道树

图4.26 山西路广场修剪成浮雕状的色块植物

图4.28 胜利广场整形修剪的绿篱、树球

图4.33 月安花园入口绿带作波浪形修剪

图4.27 街道绿岛中呈波浪形修剪的蜀桧

图4.29 胜利广场中作浮雕状修剪的模纹花坛

图4.34 胜利广场瓜子黄杨绿篱的修剪

图4.30 小桃园绿地中,有层次的色块植物修剪

图4.35 狮子山广场作波浪形修剪的高篱法青

图4.31 绿地中,有层次的色块植物修剪

图4.32 广场中,修剪整齐的色块植物

图4.36 中山陵绿地中几何形状的绿篱修剪

图4.37　江宁凤凰台广场的色块植物与绿篱修剪

图4.43　柳树的形态与小区环境十分协调

图4.38　鼓楼广场蜀桧绿篱的修剪

图4.41　月光广场作波浪形修剪的绿篱

4. 因枝修剪，随树做形

　　进行树木的修剪不能采用千篇一律的模式，对于不同类型、不同姿态的枝条，更不能强求用一种方法修剪，而应因地、因树、因枝进行修剪。在与环境条件协调的前提下，根据树木的生物学特性，最大限度地发挥绿化功能。树木在生长过程中也需要通过修剪不断地调整各部分的生长势（图4.42~图4.45）。

图4.44　鼓楼公园树姿优美的白丁香

图4.39　常州恐龙园色块植物的修剪

图4.40　校园中修剪整齐的色块植物

图4.42　南京饭店内圆头状的千头松

图4.45　按自然形态修剪的卫矛

第四节 观赏花木的形态特征和修剪时间

熟悉观赏花木的形态特征和各部位的名称，是正确掌握各个环节修剪方法的基础。

一、观赏花木的形态特征

树冠，由主干周围着生的所有主枝、侧枝、小侧枝和树叶所组成。树冠的形状有椭圆形、卵形、扁圆球形、圆球形、棕榈形、尖塔形、杯形等。

二、树木生长发育的基本规律

南京地区一年当中的气温变化很大，有明显的四季之分。不论是阔叶落叶树种还是常绿针叶树种，均有明显的生长期和休眠期。在生长期，它们进行萌芽、抽生新梢、生长新根和新叶、开花结果，直到形成新的顶芽和腋芽；在休眠期，除进行微弱的呼吸作用外，其他生理活动全部停止。

花木的生长又可分为加长生长和加粗生长。加长生长是从枝条上的顶芽和侧芽萌发并抽生新梢开始，到当年抽生的新枝顶端形成新的顶芽为止。加粗生长是由形成层细胞的再分裂来完成的，它们向茎内分生成木质部，每年一圈，于是在树干的横截面上就出现了"年轮"，使茎部和根部逐年加粗。

树木的顶芽萌发以后，使枝条向前延长，树冠才能不断增高和扩大。腋芽萌发后抽生新的侧枝，使树冠更加稠密丰满。

所谓顶端优势是指植物体内的水分和养分首先是向枝条顶端供应的。只有对枝条进行短截，才能促使剪口下面的侧芽萌发而形成更多的侧枝。

花芽形成的最初阶段和叶芽没有区别，由于植物体内一些营养物质的合理分配，使一些芽分化成花芽，而另一些芽则分化成叶芽。通过修剪来调整树体的生长势，可以促进花芽分化。花木因种类不同，花芽分化的时期和部位也不相同，在修剪之前必须了解各种花木的开花习性。

三、修剪的时间

树木的修剪可分成冬季修剪和夏季修剪。

落叶花木自落叶以后到来年早春萌芽之前为冬季修剪时间。而对常绿树来说（通常以冬剪为主），冬季修剪时间则是从秋末新梢停止生长开始，到翌年春季休眠芽萌动之前。

花木的生长期进行修剪，总称为夏季修剪。夏季修剪时间很长，可以根据不同树种的习性及用途灵活掌握。生长期的修剪包括摘心、抹芽、摘叶、去蘖、摘蕾、摘果、折裂、扭梢、环剥、断根等。

对一些春季和夏初开花的花灌木，如迎春、金钟、玉兰、海棠、樱花等，应当在花谢以后对花枝进行短截，防止徒长并促进新的花芽分化，为来年开花作准备。

对夏秋开花的金银花、木槿、紫薇、醉鱼草、双荚槐等花木，应当在开花后期落叶后修剪。

对绿篱、球类和色块植物应当经常进行修剪。对一些林荫树和行道树上的萌芽、萌枝、徒长枝、根蘖条应随时剪除。

第五节 整形和修剪的方法

一、整形的方法

观赏花木种类很多，其分枝习性各不相同，在园林绿化中的功能也是多种多样，相应的，其整形方式也各不相同。在实际应用中，有以下几种整形方式：

1. 自然式整形

是在树木本身特有的自然树形基础上，稍加人工修剪，发挥其树木的观赏特性。如庭荫树、行道树，大都采取此种方式。自然式树形一般有以下几种树形：扁圆形、长圆形、圆球形、卵圆形、伞形、不规则形等。

2. 人工式整形

由于园林绿化的特殊要求，有时将树木修剪成规则的几何形体，如长方形、圆球形、多边形等或修剪成动物形。人工式整形通常选用萌芽力和成枝力较强的乔灌木（图 4.46~图 4.66）。

图4.46 小区中的蜀桧造型

图4.47 尧化广场金叶女贞造型

图4.48 翠屏国际城花坛植物的造型

图4.49 常州恐龙园瓜子黄杨的造型

图4.50 梅花山庄整形植物的修剪

图4.51 金陵家天下球形植物的修剪

3. 自然与人工混合整形

这类整形方式在观赏花木中应用最多，修剪者根据树木的生物学特性和对生态条件的要求，将树木修剪成与周围环境相协调的树形，如：

1）自然杯状形：自然杯状形的修剪整枝，即通常讲的三股六叉十二

图4.52 鼓楼广场球形修剪的红花檵木

图4.53 翠屏山广场球形修剪的植物造型

图4.54 翠屏山广场小叶女贞的造型修剪

图4.55 迈皋桥广场紫叶李的修剪造型

图4.56 安徽肥西某宾馆的桧柏造型修剪

图4.57 小叶女贞的造型

图4.58 蜀桧的造型

图4.59 大叶黄杨的造型

图4.60 绿博园蜀桧绿篱的造型

图4.61 球形修剪的火棘

图4.62 扁球形修剪的植物

图4.63 球形修剪的八角金盘

图4.64 方形修剪的瓜子黄杨

图4.65 汉中门广场色块植物的修剪造型

枝，再在此树体骨架的基础上发展形成树冠的树形，如行道树法桐。

2）自然开心形：自然开心形的整形不像杯状形那么严格，主枝大都为三个，主枝上再适当配置侧枝。在园林中，常用于主干性弱、要求充足光照的花木，如桃花、梅花、鸡爪槭等。

3）多主干和多主枝形：这两种整形方式基本相同，其区别在于具有低矮主干的称为多主枝形，无主干的称为多主干形。多主枝形在低矮的主干上均匀地排列多个主枝，在主枝上再选留外侧枝，一般不留内侧枝，使其成均匀整齐的树冠，如结香的修剪。若不留低矮的主干，直接选留多个主干，其上依次递增配置主枝和侧枝，此类修剪要注意留内侧枝时，不要产生交叉枝，以免树冠内的枝条杂乱无章，如夹竹桃、紫荆等。

4）主干形：有明显主干，主干高大挺拔，一般根据主枝和排列方式分为分层形和疏散形，如雪松、马褂木、水杉等。

5）树桩盆景形：按树桩盆景的形式进行绑扎和修剪而成的艺术造型（图4.67~图4.74）。

图4.66 翠屏山广场整形修剪的红花檵木

图4.70 江苏花王园艺的黑松造型

图4.67 翠屏山广场五针松造型

图4.68 江苏花王园艺的马尾松造型

图4.71 梅山市政绿化公司的红花檵木树桩造型

图4.69 日本皇宫外苑的松树造型

图4.72 中山陵红楼艺文苑的造型植物火棘

图4.73　金色家园造型植物枸骨

图4.74　玉兰山庄的铺地柏造型

二、修剪的方法

修剪的方法有短截、疏剪、长放、扭伤等。

1. 短截

将枝条剪去一部分叫短截或称回缩。短截能刺激短截部分的枝条萌发，发枝数多，增加枝叶密度，有利于植株体内有机物的积累，从而促进花芽分化；短截可以改变顶端优势的位置，调节树枝长势平衡。

2. 疏剪

把一年生枝从基部剪除为疏剪。疏剪主要疏去弱枝、病虫枝、枯枝叶、交叉枝、过密枝、萌蘖枝、徒长枝及扰乱树形的其他枝条。弱枝生长细弱短小，多数不能形成花芽。病虫

枝是受病菌感染或遭蛀干害虫为害的枝条。枯枝是因多种原因而导致干枯和死亡的枝条。交叉枝为两根以上枝条相互交叉，不但影响生长，且使枝条紊乱，影响整个植株的美观。过密枝是由于树芽的萌发力强，使树冠内小枝生长过多，拥挤而杂乱。萌蘖枝是从根和干上由不定芽萌发抽生的枝条，一般呈丛生状，数量较多；去蘖，以免萌蘖扰乱树形，并减少养分的无效消耗。徒长枝是从枝条基部和茎干的某一部分抽生的直立形枝条，生长特别旺盛，枝条粗壮，节间长，芽小，含水分多，组织不充实（图4.75~图4.83）。

图4.75　枫杨主干上的萌蘖枝未剪除

图4.76　行道树悬铃木主干上的萌蘖条未剪除

图4.77　蜡梅根部萌蘖条未剪除

图4.78　紫薇萌蘖未及时剪除

图4.79　桃树萌蘖未剪除

图4.80　丝兰枯叶未剪除

图4.81　丝兰枯叶未剪除

图4.82　棕榈枯叶未剪除

图4.83　棕榈枯叶未剪除

3. 长放

营养枝不剪称为长放。长放是利用单枝生长势逐年递减的自然规律，长放的枝条芽多，抽生的枝条相应增多，致使生长前期养分分散而多形成中短枝。生长后期积累养分较多，能促进花芽分化和结果。长放一般都用长势中等的枝条，促使其形成花芽。对于桃花、海棠等花木，为了平衡树势，增强生长弱的骨干枝的生长势，往往采用长放的措施，使该枝条迅速增粗，赶上骨干枝的生长势。

4. 摘心

摘除新梢顶部的措施。其作用：①改变营养物质的运送方向，使营养物质集中在下部的叶片和枝条内，促使花芽分化和提高坐果率；②促发新枝，摘心后改变了顶端优势，促使下面的侧枝萌发，从而增加了分枝；③适时摘心，不但增加分枝数量，而且增加分枝次数，有利于扩大树冠和形成美观的树冠，以及提早形成花芽。

5. 抹芽

把多余的芽从基部抹掉，称为抹芽。抹芽可以改善留存枝芽的养分供应状况，增强留存枝芽的生长势。

6. 摘叶

将叶片带叶柄摘除或将叶片剪除、留下叶柄，叫摘叶。如红枫摘除老叶，能促使其长出新叶，增强红枫的观赏效果。新栽树，如广玉兰等常绿阔叶树，通过摘叶等措施，减少水分消耗，可提高植树的成活率。

7. 摘蕾、摘果（疏花疏果）

摘除部分花蕾，减少养分消耗，促使保留的蓓蕾开花大而色艳；摘除部分果子，使留存的果子长得大、色泽好。

8. 断根

将植株的根系在一定范围内全部切断或部分切断的措施。断根可刺激根部发出新的须根，所以在移栽珍贵的大树和移栽山野里自然生长的树木时，往往在移栽前一、两年进行断根，促发其长出新的须根，有利于移栽成活（图4.84~图4.102）。

图4.84　缺乏修剪、树形紊乱的垂柳

图4.85　未修剪的爬藤植物络石与丝兰

图4.86　缺乏修剪的五叶地锦

图4.87　缺少整形修剪的龙柏色块

图4.88 未修剪的云南黄馨枯枝

图4.89 未疏剪的石榴树冠

图4.95 未整形修剪的紫薇

图4.90 未整形修剪的盆景花坛植物

图4.96 错误整形修剪的紫薇

图4.91 缺少整形修剪的色块和球形植物

图4.92 缺乏整形修剪的植物配置

图4.97 缺乏整形修剪的树木

图4.93 未整形修剪的紫薇

图4.94 未疏剪枝条的贴梗海棠

图4.98　木瓜上部枝条未短截

图4.101　与环境不协调的球形植物造型

图4.103　南京水西门广场树形优美的西府海棠

图4.99　缺乏整形修剪的大树

图4.102　与绿地环境不协调的树木造型

第六节　常见树木的修剪方法

一、西府海棠

西府海棠花的花芽大多着生在5cm以下的短枝和5~12cm之间的中枝上，主要由顶芽分化成花芽，因此对这些花枝不要短截；而20cm以上的长枝大多是营养枝，很少形成花芽，每年都应进行短截，促使剪口下面的侧芽萌发而形成中、短花枝（图4.103）。

二、月季花

月季花的品系繁多，由于各个品系

图4.100　缺乏整形修剪的桂花树

的性状和生物学特性差异很大，应采用不同的修剪方法。

1. 杂交茶香月季

每年入冬前应进行适当的疏枝，每株留下5~6根比较粗壮的枝条，其余的从基部剪掉。再对留下来的枝条进行短截，每枝留芽5~6枚，来年形成丰满的树丛，使株高保持在1m左右。这种修剪方法起着逐年更新老枝的作用。

杂交茶香月季是在当年生新枝顶端分化花芽的，在一年当中只要不断抽生新枝，就能连续开花。因此在生长季节中，每当花谢以后，立即对花蕾进行短截，不让它们结果，同时促使其萌发抽生新的花枝，短截时每枝可留3~4节。盛夏过后还应进行疏剪，把过密的枝条从基部剪掉。

2. 丰花月季

丰花月季的修剪是保持较小的株型和繁花似锦的花团。由于它们的长势较弱，为了保证花朵质量和不断地开花，每株主枝数目不要超过6~8根，应及时疏剪过密的枝条，花谢以后不要进行强修剪。入冬以后，可施行重剪，每株保留主枝4~6根，每根上仅留2枚侧芽，然后短截，让它们来年重新萌发新的株丛。

三、梅花

梅花主干可保持高50~100cm，在主干上只留5个侧主枝而不要中央领导枝，这种树形叫"开心形"，以利于通风透光。每年早春花谢以后应对花枝进行短截，夏季对新生枝条进行摘心，以防止徒长，促进花芽分化，为来年开花打下基础（图4.104）。

四、桃花

桃花的大部分品种是在长枝上开花，花芽和叶芽并生于叶腋间，每个叶腋着芽3枚，中间是叶芽，两侧是花芽。寿星桃则是在中枝和短枝上开花。

桃花枝叶繁茂，在30~100cm高的主干上最好留3个侧主枝，将它们整形成开心形。每年早春萌芽之前，应对所有的营养枝进行短截；花谢以后对中、长花枝进行重剪，促使其腋芽抽生新的花枝。对观赏桃花应把幼果全部摘掉，以防其消耗养分（图4.105、图4.106）。

五、紫叶李

紫叶李主干的高度保持在1m左右，让树冠上的各级枝条自然向上生

图4.106　紫叶桃的树形

图4.104　市政府庭院中的梅花

图4.105　白马公园修剪成开心形的桃花

长，在广场、街道等绿地中，也有做平头整形修剪的；开花多少则无关紧要（图4.107）。

六、樱花

樱花的花芽是由顶芽和枝条先端的几个侧芽分化而成的，因此对花枝不要进行短截。除应保持较高的树干外，还应培养4~5个健壮的侧主枝和1根中央领导枝，形成高大茂密的观花树体。

七、垂丝海棠

垂丝海棠的树冠松散，在自然生长的情况下也能保持良好的通风透光

图4.107　紫叶李的树形

条件。整形时可保持一根1m以下的主干，让侧主枝和侧枝自然生长（图4.108、图4.109）。

八、玉兰

玉兰枝条的愈伤能力很弱，生长速度也比较缓慢，因此多不进行修剪。如果为了保持完美的树形而必须疏剪或短截某个枝条时，应当在花谢以后、叶芽刚开始伸展时进行；切不可在早春开花前或秋季落叶后修剪，否则会留下枯桩，使完美的树冠遭到破坏（图4.110）。

图4.108　垂丝海棠的盛果期

图4.109 垂丝海棠的盛花期

图4.112 盛花期的郁李

图4.110 黄玉兰的盛花期

图4.111 盛花期的紫荆

图4.113 盛花期的东洋锦海棠

九、紫荆

紫荆的最大特点是在四年生以上的老枝上开花，在早春展叶前开放，因此不要疏剪老枝。紫荆在南京地区通常成丛生灌木状，也可将它培养成30~100cm高的主干，每年夏季要对新生侧枝进行摘心，否则枝条会不断延长，而造成树冠中空（图4.111）。

十、郁李

郁李为落叶小灌木，小枝纤细而柔软，每节上着芽3枚，中间为叶芽，两侧为花芽。若不注意修剪，枝条会交叉错乱。因此根据其小枝密生的特点，把它修整成头状或球形树冠，不断地短截长枝，夏季注意摘心，防止冠幅无限制地扩大，以提高其观赏价值（图4.112）。

十一、贴梗海棠、木瓜海棠

贴梗海棠、木瓜海棠是在二年生枝条上开花结果的，因此当新枝抽生以后都不要进行短截，等到开花以后再短截花枝，以促使其多萌发一些侧枝。也可以在苗木定植以后只保留3根主枝，将多余的枝条从基部剪掉，从而整成"三本式开心形"树体，让侧枝从这三根主枝的上端分生而出，这种整形方法既可保持低矮的灌木状树形，又能防止枝条过分稠密紊乱（图4.113）。

十二、牡丹

牡丹的花芽从7月下旬开始分化，到9月下旬分化完成，由于它们是在当年生新枝的顶端分化花芽的，因此修剪应在春末夏初花谢以后立即进行。地栽牡丹每株可保留5~6根主枝，将其余的全部剪掉。早春开花之前如果花枝过密过多，应将低矮的花枝疏剪掉，使花头稠稀适度。一些花形巨大的品种，开花后应立杆，以防止下垂倒伏。对老株不要通过修剪来更新，最好在9月上中旬落叶之前，把根系挖掘出来，然后分株另栽，分栽时应修剪肉质根系。

十三、迎春

迎春的枝条呈拱形，先端柔软而下垂，一些多年生老枝常匍匐在地面上，影响观花效果。可选留一根粗壮的主枝在40cm处短截，设立支柱，让侧枝从主干的先端生出，从而形成伞形树冠。经常剪除根蘖条，对侧枝经常摘心，防止徒长，以利于花芽分化。疏剪工作应在花谢后进行，防止枝条过密而影响通风透光（图4.114）。

十四、木槿

木槿主干不要留得太高，每株留侧主枝5~8根，保留1个中央领导枝，每年冬季对侧枝进行短截。10年以后，树冠非常稠密，对树体进行一次改造。第一年把中央领导枝锯掉，以后逐年疏掉一部分侧主枝，最后仅保留3个分布均匀的侧主枝。这种方法可延长木槿的寿命，使其年年开花不断（图4.115）。

图4.114　配置在山石旁的迎春

图4.115　总统府内木槿的树形

十五、紫薇

紫薇为落叶大型灌木，园林中都培育成小乔木状。定植后保留40~100cm高的主干，培养3个侧主枝而修整成自然开心形，不要中央领导枝。

紫薇是由一年生枝条的顶芽分化花芽的，因此对它们切勿短截和摘心。花谢以后如果不把枝顶残花剪掉，会结出许多球形蒴果，为了防止营养的无畏消耗，应在花谢时及时把残花剪掉。

紫薇在落叶后进行冬季修剪，通常采用重剪短截的方法，对当年败花的枝条在外向芽处留10~15cm左右剪截（图4.116、图4.117）。

十六、结香

结香为落叶小灌木，分枝呈三叉形生长，枝条非常柔软，可弯曲打结而不折断。花芽着生在当年生枝条的顶端，在秋季落叶前即形成花蕾，来年3月在展叶前开放。可任其自然生长而不做整形修剪，将过长的枝条任意扭曲打成绳结，不仅不会影响开花，还能防止徒长并有利于花芽分化（图4.118）。

十七、金丝桃

金丝桃因其生长势较弱，株丛矮小，因此多任其自然生长而不进行修剪。金丝桃是在当年春季抽生的新梢上分化花芽的，入夏后就能开花。也可在秋季落叶后把丛生枝条全部剪掉，春季萌发新枝，每年更新一次，

图4.116　紫薇的冬季修剪

使植株年年开花，呈现出鲜嫩翠绿的状态（图4.119）。

十八、绣球花

绣球花是在每年花谢以后开始新的花芽分化，来年早春孕育花蕾，因此应在夏季剪掉残花时，对所有枝条进行一次性短截，防止着花部位逐年上移而造成植株下部中空裸露。短截以后往往会刺激主枝上的隐芽大量萌发而形成许多徒长枝，因此应在隐芽刚开始萌动时把它们抹掉（图4.120）。

十九、蜡梅

蜡梅的花单生于枝条的节部，由

图4.117　树姿优美的紫薇

图4.118　东南大学校园内的结香

图4.119 呈自然圆球形的金丝桃

图4.121 冬季盛开的蜡梅

图4.120 市政府院内树姿优美的绣球

当年生新枝的腋芽分化成花芽，冬季落叶后才陆续开花。

蜡梅的萌蘖力很强，常从根际和主枝基部萌发大量的徒长枝，应随时剪除。

花谢以后，要摘除幼果，同时对花枝进行短截，每枝保留 3~5 节，促使腋芽萌发而形成更多的新侧枝。待新生侧枝长到 40cm 时进行摘心，以停止加长生长，使养分供应花芽分化，为冬季开花作准备（图 4.121）。

二十、五针松

五针松如果任其自然生长，往往外形参差不齐。从春季新芽萌动开始到夏初为止，是常绿针叶树种的加长生长阶段，在此期间应不停地修剪新生的"烛心"状嫩梢，当长到 3cm 左右时，应将它们剪掉 1/2~2/3，防止侧枝无限制地延长，促使其加粗生长，保持稠密的树冠（图 4.122）。

图4.122 树姿优美的五针松

第 五 章
园林植物主要病虫害及其防治

　　园林植物遭受病菌侵染或其他生物寄生或环境因素的影响，使植株在生理上、组织上、形态上发生一系列反常变化，不能正常生长，导致观赏价值或产量降低，甚至死亡，称为园林植物病害。

　　园林植物常见虫害有食叶性害虫、钻蛀性害虫、刺吸性害虫、地下害虫及有害螨和软体动物危害。它们对园林植物会造成不同程度的危害，虫害严重时常导致花木成片死亡，降低观赏价值，给园林绿化带来巨大损失。

　　为了保障园林绿化植物免受病虫危害，巩固绿化、美化成果，特编写本章内容。本章概述了主要病害及虫害，对各种病虫的危害情况、形态特征、生活史、生物学特性和综合治理方法作了比较深入系统的阐述；其中介绍病害 18 种，虫害 55 种，并附彩照和插图。

第一节　病虫害及其防治概述

昆虫属于节肢动物门昆虫纲，已知有100~150万种左右，约占动物界的3/4。昆虫分为益虫和害虫两种。益虫如蜜蜂、螳螂、紫胶虫、姬蜂等；害虫如天牛、刺蛾、地老虎等。

一、害虫的危害性

1）地下害虫：主要取食植物根茎，造成植物枯萎死亡。如地老虎、蛴螬、蝼蛄、金针虫等。

2）食叶害虫：主要取食叶片，造成叶片缺刻，或蚕食一光，严重影响植物的光合作用和正常生长，影响景观效果。如大叶黄杨尺蠖、槐尺蠖、刺蛾类害虫等。

3）钻蛀害虫：主要蛀食植物韧皮部和木质部，造成枝干中空死亡，如天牛、木蠹蛾、透翅蛾等；钻蛀嫩梢的则造成新梢枯萎死亡，如茎蜂、松梢螟等。

4）刺吸害虫：主要通过刺吸植物体内养分汁液，造成叶片枯黄、嫩梢枯萎卷曲、花蕾脱落，并往往引发煤污病。如蚜虫、粉虱、蚧壳虫、螨类、叶蝉、梨网蝽等。

二、病害的危害性

植物病害是指植物在其生长发育过程中，由于受到不良环境条件的影响，或有害生物的侵害，使植物产生病程，甚至死亡，造成损失，这种现象称之为病害。病害对植物各个部位的危害如下：

1）叶部、嫩梢：造成叶斑、枯叶、萎蔫等，影响植物的光合作用，使植物生长不良，甚至整株死亡，园林中还影响景观效果。如紫薇白粉病、菊花褐斑病、梨桧锈病等。

2）根部：病害造成根系破坏，形成一串串瘤状物或须根腐变，影响水分和养分的吸收，地上部分落叶、矮化、叶小、花小或不开花等。如樱花根癌病、雪松疫霉病、仙客来根结线虫病等。

3）茎部、枝干：病害会造成幼苗死亡、茎干枯萎、枝条干枯、树干腐坏，不能正常输送养分和水分，严重时造成整株死亡。如幼苗立枯病、杨树溃疡病、紫荆枯萎病等。

4）花冠：病害使植株矮化、叶片畸形、花朵小、花蕾不开，甚至无花蕾。如花叶病毒病、花腐病、紫薇白粉病等。

三、植物病害的分类及病原

植物病害主要有侵染性病害和非侵染性病害两类。

1）侵染性病害病原：病原菌（真菌、细菌、病毒、类菌质体）和有害寄生动物（线虫、螨类）。

2）非侵染性病害病原（即非生物病原）：温度、水、光照、肥料、微量元素、有害物质（二氧化硫、农药、氟化物、废水、废气、废渣等）。

四、病害的症状及种类

病状：指植物表现出的不正常状态，如坏死、变色、肿瘤、矮化、徒长、丛生、腐烂、萎蔫、畸形等。

病症：指发病部位病原物所表现出的营养体或繁殖体特征，如霉层、小粒点、白粉、锈粉、菌核、细菌溢脓等。

侵染性病害病原物的越冬场所：病株和病残体、种子和繁殖材料、土壤和有机肥料。

病原物的传播途径：风力和气流、雨水和流水、昆虫和鸟类、人为和运输等。

五、植物病虫害的综合防治

1. 综合防治原理

以生态学为基础，改善环境条件，利于园林植物的生长，而不利于病虫害的发生和流行。为此，必须严格控制感病虫植物、病原物和害虫、环境条件这三要素，使防治工作取得好的效果。

"预防为主，综合防治"是园林病虫害防治的基本方针。

2. 综合防治措施

1）植物检疫：通过检疫，防止病虫害的引入、输出和传播。这对植物病虫害防治是极为重要的一关。在引进苗木时，要通过检疫，力保苗木买入时，不带病虫，特别是本地区还没有的病虫。在卖出苗木时，也要给别人提供健康无病虫的苗木，不扩散已有的病虫害。

2）加强园林栽培管理，减少病虫害来源，改善植物生长条件。①加强园圃管理，种植适地适树、适花；选用抗病品种；及时清理枯枝落叶、杂草等，特别是病虫枝叶，应及时清除；必要时，对病区土壤及使用的工具、用具、器皿等进行消毒处理；合理疏枝、修剪，保持通风透光，减少蚜、蚧等害虫和病害的发生及危害。②加强肥水管理，合理施用有机肥、无机肥，注意浇水方法、浇水量和浇水时间，培育健壮植株，提高抗病虫能力。③园林中栽植的植物种类应合理布局，不仅要考虑景观的美化，而且要考虑防止病虫害的传播和相互感染。如桧柏、侧柏、龙柏等与棠梨或贴梗海棠、垂丝海棠、木瓜类配置在一起，就会引发梨桧锈病的大发生；又如苹果、樱花、花桃等应避免栽植在一起，否则，会造成穿孔病、红蜘蛛、梨冠网蝽等病虫的相互传播和侵染。④实行轮栽，可减轻或杜绝病害的发生。如鸡冠花褐斑病实行2年轮栽，可防止发病，这是因为该病的病原物会因找不到寄主食物而饿死。⑤选用健康无病虫的苗木进行栽植，因蚧虫、蛀食性害虫、根部害虫等主要随苗木传播。同时，苗木繁殖应选用无病材料，可以脱毒，减少病毒病的发生。

3）物理机械防治：就是利用各种物理因子和机械设备进行病虫害防治。如温汤浸种、热力处理土壤、机械阻隔作用（早春覆盖薄膜，人工剪除病枝叶、病残体并深埋等）、捕杀法（捕杀群集性、假死性害虫）、诱杀法（利用害虫的趋性，设置灯光、潜所、毒饵、色板、糖醋液等诱杀幼虫和成虫）等。

4）生物防治：就是用生物手段来防治病虫害。①以虫治虫，以捕食性和寄生性天敌昆虫来防治园林害虫。捕食性天敌以瓢虫、食蚜蝇、草蛉、胡蜂、猎蝽、花蝽、步甲、蜻蜓、螳螂、蚂蚁、食蚜虻等最为常见。如二点唇瓢虫可以捕食大量的柿绒蚧若虫和雌成虫，螳螂捕食丝棉木金星尺蠖幼虫。寄生性天敌如姬蜂、茧蜂、小蜂、寄生蝇等。

如管氏肿腿蜂寄生云斑天牛初孵幼虫、赤眼蜂寄生松毛虫等。②以菌治虫，利用病原微生物防治园林害虫。如青虫菌粉剂防治刺蛾，苏云金杆菌粉剂防治丝棉木金星尺蠖等。

5）化学防治：即用化学农药防治园林病虫害、杂草及其他有害生物的方法。化学防治具有杀虫快、效果好、使用方便、受季节限制小，适于大面积防治猖獗之害虫，起到急救作用等优点。但其缺点是：使用中，稍有不当会导致人畜中毒、污染环境、杀伤天敌昆虫，使园林植物产生药害，并会致某些害虫产生抗药性等。

农药分为杀虫剂和杀菌剂，杀菌剂可分为保护、治疗和免疫三种作用药剂；杀虫剂可分为胃毒、触杀、内吸、熏蒸、拒食和忌避及不育六种作用方式药剂。

农药的剂型分为粉剂、可湿性粉剂、可溶性粉剂、颗粒剂、乳油剂、胶悬剂、熏蒸剂、气雾剂、烟剂等。

农药的使用方法：喷雾、根施和埋瓶、浇灌、高压注射、灌注、虫孔注射和堵塞、涂伤、药液涂抹包扎、泼浇、毒土、毒饵、拌种、浸种、浸果等方法。

农药的合理使用：目的就是做到经济、安全、有效。

根据害虫不同口器施用农药：胃毒剂用于咀嚼式口器害虫，如金龟子、刺蛾幼虫、尺蠖幼虫等；刺吸式口器害虫如蚜虫、蚧壳虫、螨类等则要用触杀剂、内吸剂；触杀剂、内吸剂也可用来防治咀嚼式口器害虫。具有触杀、内吸、熏蒸作用的农药，如敌敌畏、烟参碱乳油，对各种类型口器的害虫均能使用。

适时施药：害虫低龄时（一般3龄以前抗药性差）施用；田间气温升高（但非夏季中午高温时）且药效相应提高时施用；内吸剂应在树液流动后施用，效果才好。

注意保护害虫天敌：化学防治和生物防治是相互矛盾的，为了避免农药对天敌的伤害，必须协调化学防治与生物防治。改善农业生态环境，为天敌创造适宜生存、繁殖的条件，应用选择性农药，使之对害虫有毒力而对天敌杀伤小或不杀伤。

合理混用农药：混用农药可以防治同时发生的病、虫害及兼治杂草，克服害虫产生抗性，节省人力。但混用农药必须具备：扩大防治对象、一药多用、减少施药次数；具有增效作用；延长新老农药的使用期；减少费用，降低防治成本；有利于延缓病虫害产生抗药性而不降低农药对病虫的毒性等优点。

植物受药害的症状和产生药害的原因：植物受药害的症状有叶斑、黄化、失绿、卷叶、厚叶、落叶、枯焦、穿孔、畸形、硬化、落花等。造成药害的原因有：不同植物品种，对农药的耐药力有差异，如波尔多液对桃、李等易产生药害。植物的不同发育阶段对农药的反应不同，如嫩梢、幼苗、花期易受药害。气候条件——温湿度、降雨、光照、雾水等，尤以气温、光照影响产生药害明显；如石硫合剂，冬天可用波美度3~5度，而在夏季则不用。施药浓度过高，也会产生植物药害等。

另外，应慎选农药；用药时，必须仔细阅读说明书，按照规定程序和安全使用的注意事项等施用；防止农药对人畜的危害。同时，还要防止病虫害对农药产生抗性。克服病虫产生抗性，要做到轮换用药和混合用药（如菊酯类与有机磷农药混用，矿物质油与有机磷混用等）。

第二节　主要虫害及其防治

一、食叶性害虫

1. 黄刺蛾

又名洋辣子、毒毛虫等，属鳞翅目、刺蛾科。危害悬铃木、杨、柳、榆、刺槐、紫薇、月季、樱花、花桃、杏、垂丝海棠、紫荆、红叶李、天目琼花、法青、女贞、木槿、蔷薇、石榴、蜡梅、香樟、石楠、杜鹃等数十种植物。食性极杂，以幼虫取食叶片，影响树木生长和园林景观效果。

黄刺蛾成虫为橙黄、黄褐色蛾，体长17mm、翅展34mm左右。老熟幼虫长约22mm，黄绿色，体色鲜艳，背部有似哑铃状紫褐色大斑。体上布满毒毛丛。其茧，俗称刺蛾蛋，椭圆形，上有灰、白相间的纵纹，似麻雀蛋。

黄刺蛾在南京一年发生2代。以幼虫在枝条上结花茧越冬。成虫有较强的趋光性。初孵幼虫有群集叶背啃食叶肉、留上表皮的习性，使叶片呈现白色透明网状。3龄后幼虫分散取食，将叶片吃成孔洞，甚至食光。1、2代幼虫分别在5月中至6月上旬，7月下至8月中旬为害。以后老熟幼虫则寻找适宜之处作茧越冬（图5.1~图5.4）。

图5.1　黄刺蛾成虫

图5.2　黄刺蛾幼虫及板栗被害状

图5.3　黄刺蛾茧

图5.4　杜英被害状

2. 褐边绿刺蛾

又名青刺蛾、四点刺蛾，属鳞翅目、刺蛾科。在国内分布广泛。其危害植物有梨、柳、青桐、香樟、海棠、枫杨、白蜡、槭树、悬铃木、重阳木、厚朴、乌桕、喜树、柿、茶、桑、紫荆、杨、核桃、楸、苹果、杏、山楂、五角枫、黄丁香、藤萝、刺槐、油桐、黄连木、栀子花、八角枫、无患子、红叶李、珊瑚树、榆、白杨、花桃、石榴、美人蕉、月桂、梅、蜡梅、泡桐、金橘、枫香、李、白兰花、柑橘、鸡爪槭、枳椇、白玉兰、日本晚樱、刺梨等，食性极杂。以幼虫取食叶片，严重时可将叶片食光，严重影响植物生长和观赏。

褐边绿刺蛾成虫体长 15~17mm，翅展 38~40mm，头部粉绿色，胸背面青绿色。前翅基部褐色，外缘淡棕色，其间为翠绿色。后翅及腹部浅褐色。卵扁平，淡黄绿色，长 1.2~1.5mm。幼虫老熟时长 24~28mm，头红褐色，硬皮板黑色，身体翠绿色，背线红棕色，刺毛黄棕色。腹末有四个绒球状黑刺毛。蛹广卵圆形，长 15~17mm，棕褐色。茧近圆形，长 14~16mm，棕褐色。

此虫在南京地区一年发生 2 代，以幼虫结茧越冬。翌年 4 月下旬化蛹，5 月下旬至 6 月羽化产卵。卵数十粒呈鱼鳞状产于叶背。6 月至 7 月下旬为幼虫危害期。7 月中旬后幼虫陆续老熟结茧化蛹。8 月初，第 2 代成虫羽化产卵，8 月中旬至 9 月是第 2 代幼虫危害期，9 月中旬后老熟幼虫于

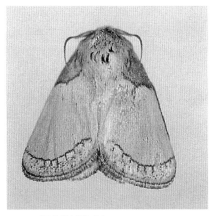
图5.5　褐边绿刺蛾成虫

图5.6　褐边绿刺蛾幼虫及危害状

树冠下浅土层、草丛中结茧越冬。初孵幼虫群集取食叶肉，3 龄后分散危害，4 龄后吃穿表皮，6 龄后可蚕食叶片，仅剩叶柄。成虫具趋光性（图 5.5、图 5.6）。

其他刺蛾还有丽绿刺蛾、扁刺蛾、桑褐刺蛾、双齿绿刺蛾等。

● 防治：

人工摘除有卵块或初孵幼虫的叶片以及摘除枝干上的虫茧（黄刺蛾、丽绿刺蛾、双齿绿刺蛾等）或挖除受害植物四周疏松土下越冬的虫茧（扁刺蛾、褐边绿刺蛾、桑褐刺蛾等）。

利用黑光灯诱杀有趋光性的刺蛾成虫。

幼虫危害期，可用 10% 的吡虫啉可湿性粉剂 4000 倍，或杀螟杆菌 500 倍液，或 1.2% 烟参碱合剂 1000 倍液，或 Bt 乳剂 400~600 倍液进行喷施防治。

保护和利用天敌：上海青蜂、刺蛾广肩小蜂、螳螂、益蝽、中华星步甲、益鸟等均为其天敌。

3. 槐尺蠖

又名槐庶尺蠖，俗称吊死鬼，属鳞翅目、尺蛾科。主要为害国槐、倒槐、龙爪槐等。以幼虫取食叶片和嫩

梢，严重影响植物生长。

槐尺蠖成虫为黄褐色蛾子，体长 15mm 左右，翅展为 40mm 左右，幼虫分两型：春型老熟幼虫体长 36mm 左右，体粉绿色；秋型老熟幼虫体长 50mm 左右，体粉绿略带蓝色。蛹圆锥形，初为粉绿色，后期为紫黑色。幼虫有受惊吐丝下垂的习性，可转移危害。

槐尺蠖在南京地区一年可发生 3 代。成虫有趋光性。幼虫为害期分别在 5 月上中旬至 6 月上旬、6 月底至 7 月上旬、7 月下旬至 8 月上中旬。8 月底至 10 月上旬，老熟幼虫陆续入土化蛹，多以第 3 代雌蛹越冬。蛹多在树冠的东、南面松土内，一般在土下 3~6cm 处（图 5.7~ 图 5.9）。

图5.7　槐尺蠖成虫

图5.8　槐尺蠖幼虫

图5.9　槐尺蠖蛹

4. 丝棉木金星尺蠖

又名卫矛尺蠖、大叶黄杨金星尺蠖，属鳞翅目、尺蛾科。主要危害大叶黄杨、卫矛、丝棉木、女贞、扶芳藤、榆、槐、杨、柳、榔榆等多种植物。以幼虫取食植物叶片，甚至可食光全株叶片和嫩梢，严重影响植物生长和观赏。

此虫的成虫体长 10~15mm，翅展 35~52mm，一般雄蛾比雌蛾体小，为银白色双翅，上有浅灰和黄褐色斑纹。腹部金黄色。老熟幼虫体长 30mm，体黑色，体背面和两侧各有 5 条黄白色纵纹，并有多条细横纹环绕虫体。蛹为纺锤形，长 15mm 左右，棕褐色或深紫红色。

此虫一年发生 3~4 代，一般为 3 代，以第 3 代蛹在寄主植物根部周围土中越冬。幼虫危害期分别在 5 月中旬至 6 月中旬、6 月中旬至 7 月中旬、8 月中旬至 9 月下旬。幼虫有受惊吐丝下垂的习性，可转移危害。5~10 月是该虫连续不断的危害期。成虫有弱趋光性（图5.10~图5.12）。

图5.10　丝棉木金星尺蠖（♂）

图5.11　丝棉木金星尺蠖（♀）

图5.12　丝棉木金星尺蠖幼虫及危害状

● 防治：

人工挖除寄主植物根部附近松土内的蛹；幼虫期，可振动枝干，捕杀受惊下垂之幼虫；成虫有趋光性，可设黑光灯诱杀成虫；幼虫期可用 Bt 乳剂 400~600 倍液，或 20% 杀虫净乳油 1000 倍液（可虫螨兼治），或 50% 杀螟松 1000 倍液喷防。

保护和利用天敌：赤眼蜂、两点广腹螳螂、白僵菌、姬蜂、小鸡等，如螳螂捕食丝棉木金星尺蠖幼虫。

5. 黄杨绢野螟

又名黄杨黑缘螟蛾，属鳞翅目、螟蛾科。其主要危害黄杨、雀舌黄杨、瓜子黄杨、冬青、卫矛等。以幼虫取食叶片，轻者影响生长，重者枝枯叶落，甚至死亡。

此虫成虫体长 23mm 左右，翅展 48mm 左右，为白色螟蛾，其翅缘有黑褐色宽带。老熟幼虫长 40mm 左右，头黑褐色，体浓绿色。以老熟幼虫在缀叶中越冬或滞育。

在南京地区一年发生 3 代。幼虫为害期分别在 6 月上旬至 7 月下旬、7 月下旬至 9 月上旬、8 月下旬至 10 月中下旬，10 月下旬缀叶结苞越冬。幼虫期互相重叠。成虫具趋光性，昼伏夜出。卵多产于叶背。

● 防治：

人工摘除缀叶巢穴，杀死幼虫；

在产卵期，每隔 2~3 天摘除卵块一次；幼虫期，可用 1.2% 烟参碱乳油 1000 倍液，或 Bt 乳剂（含芽孢 100 亿个每毫升）500~800 倍液，或 90% 晶体敌百虫，或 80% 敌敌畏乳油 1000 倍液，或 50% 杀螟松 1000 倍液，或 4.5% 高效氯氰菊酯 2000 倍液喷施防治；此外，还可用灯光诱杀成虫（图5.13、图5.14）。

6. 樟巢螟

又名樟叶瘤丛螟、樟丛螟，属鳞翅目、螟蛾科。主要危害樟树及一些樟科植物。以幼虫缀叶、取食

图5.13　黄杨绢野螟幼虫

图5.14　黄杨绢野螟成虫

叶片危害。

此虫成虫体长 12mm 左右，翅展 23~30mm。体深棕色、棕灰色。老熟幼虫长 20~23mm，黄褐色或除头部外全体灰白色。该虫在南京一年发生 2 代，5 月中下旬见成虫，随即交配产卵，卵产于两片粘边的叶片之间，呈鱼鳞状排列，卵扁平、淡黄色。每一卵块 5~150 粒不等。5 月下旬至 6 月上旬见幼虫。7~8 月，幼虫、成虫可同时出现，老熟幼虫于 9 月中旬至 10 月在被害樟树根际四周松土层内结茧越冬。6 月下旬至 7 月中旬为第一代幼虫危害高峰期。初孵幼虫喜群集取食叶肉，2、3 龄时边取食边吐丝卷叶结成 10~20cm 大小的虫巢。每巢内有 20~30 头幼虫不等，每巢缀叶 3~10 片不等。受震时，会吐丝离巢，悬空荡漾或坠地逃走，还可转移危害，另缀新巢。第二代幼虫危害期在 8~9 月，9 月下旬至 10 月后，幼虫落地结茧越冬。成虫具趋光性。

● 防治：

加强园林养护，修剪内膛枝、过密枝、枯死枝，使之通风透气；人工摘除虫巢；冬季深翻树下土壤，冻死结茧幼虫；冬天挖虫茧放入纱笼内收集樟巢螟之天敌甲腹茧蜂，5、6 月时不喷药，将甲腹茧蜂放回树上；幼虫活动危害期在 7 月至 9 月中旬，夜晚喷 0.3% 印楝素乳油 400~600 倍液，或 25% 灭幼脲 3 号 1500~2000 倍液加 0.36% 的百草 1 号 1000 倍液混合喷施，或 90% 的晶体敌百虫 1000~1500 倍液，或 80% 敌敌畏乳油 1000~1500 倍液进行防治；灯光诱杀成虫；要保护利用其天敌蟾蜍、姬蜂、茧蜂、寄生蝇、草蛉等（图 5.15、图 5.16）。

7. 天幕毛虫

又名黄褐天幕毛虫、顶针虫、戒指虫等，属鳞翅目、枯叶蛾科。此虫广泛分布于全国许多地区。主要危害杨、柳、榆树、栎、柞木、落叶松、梅、桃、李、杏、梨、海棠、樱桃、核桃、槐、樟、黄杨、女贞、榆叶梅、碧桃、樱花、玫瑰、红叶李、月季等多种花木。幼虫食害嫩芽、新叶及叶片，并吐丝结网张幕，幼虫群集幕上，老熟时分散危害。幼虫食量随虫龄增大而增大，严重时，全树叶片会被吃光。

此虫雄蛾比雌蛾略小，雌蛾体长 16mm 左右，翅展 40mm 左右。全体黄褐色、褐色。卵椭圆形，灰白色，卵产于小枝上，呈指环状。幼虫老熟时体长 55mm 左右，体侧有鲜艳的蓝灰色、黄色和黑褐色带，背上有明显的白色带，两边有橙黄色横线，各体节具褐色长毛，头部蓝灰色。蛹黑褐色，有金黄色毛，体长 13~20mm。茧丝质双层，灰白色。

该虫一年发生 1 代，以幼虫态在卵壳内越冬。翌年树发芽时出卵壳，4 月下旬幼虫为害嫩叶。6 月下旬至 7 月上旬，老熟幼虫在叶内结茧化蛹，7 月中下旬成虫大量羽化，成虫将卵产于被害树当年生小枝梢端。每雌产卵 1 块，约 200~300 粒。卵粒环绕枝梢，排列成"顶针状"卵环。成虫有趋光性。初孵幼虫群集在小枝交叉处危害，吐丝结网张幕群集于天幕上，白天潜伏，夜间取食，将附近的叶片食尽后，再移至他处另张天幕。随虫龄增大，天幕范围也渐扩大，1 个天幕长可达 16cm 多、宽可达 12cm 多。成虫有趋光性，幼虫有假死性。

● 防治：

加强园林养护管理，剪除在枝梢上越冬的卵环，减少越冬虫口。

发现群集于天幕的幼虫危害时，及时杀灭，后期幼虫分散危害时，利用其假死性，可摇树振落捕杀幼虫。

虫口密度大时，可喷施 50% 辛硫磷 1000 倍液，或 90% 晶体敌百虫 800~1000 倍液，或 50% 杀螟松 1500 倍液等，毒杀幼虫。

成虫有趋光性，可设置黑光灯诱杀成虫（图 5.17、图 5.18）。

8. 大叶黄杨斑蛾

又名冬青卫矛斑蛾，属鳞翅目斑蛾科。危害寄主主要有大叶黄杨及各种变异种、丝棉木、卫矛、扶芳藤等。以幼虫食叶为害，严重时可将全株叶片食光。

此斑蛾成虫体扁圆形，除腹部橘黄色外，全体黑色，翅灰黑色，略透明。后翅为前翅大小的一半。腹末有左右两丛长毛。体长 9~11mm，翅展雄虫

图5.15　樟巢螟缀叶虫巢

图5.16　樟巢螟为害状

图5.17　天幕毛虫成虫

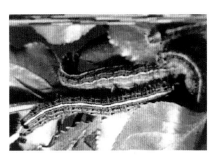

图5.18　天幕毛虫幼虫群集枝叶上取食

为 24~29mm、雌虫为 31~32mm。卵椭圆形，约 0.6~0.7mm，初为嫩黄白色，后为姜白色，在小枝上单层排列成长条状卵块，卵块上被有少量毛状物。幼虫体短粗、圆筒形，初孵为嫩黄色，老熟幼虫淡黄绿色，头小、黑色，体长 17mm。体背上有 7 条平行纵走黑线，并有毛瘤和短毛。蛹黄褐色，长 10~12mm，具 7 条不明显褐色纵纹。茧丝质，灰白色或浅黄褐色，形似瓜子，长约 12~14mm，宽 5.5~6.5mm，周围有约 3mm 宽白色或灰白色丝质膜状裙边。

该虫一年发生 1 代，以卵块在寄主小枝上越冬。3 月中旬至 4 月初卵始孵化，低龄幼虫群集枝梢食新叶，后分散危害，蚕食全叶。5 月下旬老熟幼虫多在寄主根际周围松土层和枯枝残叶中结茧化蛹越夏，茧与茧相互重叠连接。10 月中旬至 11 月初成虫羽化。成虫白天活动，在树上交尾。交尾后雌虫在寄主小枝上产卵越冬。成虫无趋光性，卵多在晴暖天孵化，阴冷时则停止。该虫孵化时正值大叶黄杨新梢抽出。幼虫受惊即吐丝下垂。

● 防治：

3 月下旬至 4 月上旬，剪除初孵群集幼虫。利用幼虫受惊吐丝下垂习性，振动树枝干，捕杀幼虫。5 月下旬至 6 月，可在寄主根际四周挖茧灭杀。危害严重时，可用 80% 敌敌畏乳油 800~1000 倍液，或 90% 晶体敌百虫 800~1000 倍液喷杀。

9. 松茸毒蛾

别名松毒蛾，属鳞翅目、毒蛾科。主要为害雪松、马尾松、日本五针松、黑松、湿地松、火炬松、云南松、热带松等松类植物。以幼虫暴食针叶，大发生时，可将全树针叶食光。

成虫暗灰带淡棕褐色，雌蛾体长 18~20mm，翅展 45~50mm。雄蛾体长 14~16mm，翅展 45~50mm。前翅灰白色带暗棕色。卵，圆馒头形，灰白色。老熟幼虫体长 35~40mm，体棕黄色，有毛疣，杂有不规则的青黑色斑点和

纵线，散披黑色长毛，头橘红色。蛹长 12~15mm，褐色，背面有毛丛。

该虫一年发生 2 代，以蛹在根际周围枯枝落叶层中和杂草、灌木根际周围土洞里、石块下越冬。次年 4 月下旬成虫羽化，交尾产卵。卵产于松针上排列成团，每团 50~60 粒。初孵幼虫能吐丝下垂，借以扩散。第一代幼虫 5~6 月为害，第二代幼虫 8 月中下旬危害。成虫有趋光性。幼虫多在清晨孵化，且多群集在卵壳上取食卵壳，约半天后爬至松针上取食危害。随着虫龄增大食量渐大，可取食全叶。

● 防治：

成虫发生期，利用其趋光性，设黑光灯诱杀成虫。幼虫危害期，喷洒 Bt 乳剂 400~600 倍液，或 90% 晶体敌百虫 800~1000 倍液。清除枯枝落叶和杂草，消灭越冬蛹。保护利用天敌：黑卵蜂、赤眼蜂、平腹小蜂、绒茧蜂及大腿蜂等（图 5.19）。

10. 葱兰夜蛾

属鳞翅目、夜蛾科、剑纹亚科。危害葱兰、朱顶红等。以幼虫取食叶片，在大发生年份，可将葱兰、朱顶红叶片以及露出地面的茎叶全部吃光，

导致不能开花，影响观赏。

此虫的成虫，体黑蓝色，翅展 38~40mm，体长 18~20mm。前翅黑蓝色，翅基、前缘至外缘均为黑色，上有斑纹为褐色。后翅黑色。幼虫黑色，头及前胸黄褐色至深褐色，头部有黑斑 4 个。腹部、背线、亚背线、气门线均为黑色，体上有众多黄白色斑块。各斑近似黄白玉色彩。蛹褐色，近羽化前为黑色。

此虫在南京一年发生代数不清，在南昌地区 5~6 代。末代老熟幼虫于 11 月下旬在寄主植物附近入土，以蛹越冬。翌年 4~5 月成虫羽化，成虫有趋光性，产卵于葱兰叶上。幼虫孵出后群集取食，将葱兰食尽后会转迁朱顶红叶片上危害，幼虫蛀入朱顶红叶肉取食，残留上下表皮。此为暴食性害虫。夏季炎热时，幼虫早晚取食，食后爬至阴凉处栖息。

● 防治：

冬季及早春人工挖除越冬蛹，减少来年虫口基数；幼虫发生期群集危害时，可人工捕杀；幼虫取食危害时，可喷施 90% 晶体敌百虫 1000 倍液，或 50% 马拉硫磷乳剂 1000~1500 倍液进行毒杀防治（图 5.20、图 5.21）。

图5.19　松茸毒蛾幼虫及危害状

图5.20 葱兰夜蛾成虫

图5.22 茶蓑蛾袋囊

图5.24 茶蓑蛾危害梅花

11. 茶蓑蛾

又名小袋蛾、小皮虫，属鳞翅目、蓑蛾科。危害植物有数十种，如茶、柑橘、枇杷、桃、梅、油茶、枣、柳、栀子、蔷薇、雪松、马尾松、桂花、紫薇、枫香、茶花、紫荆、银杏、悬铃木、罗汉松、侧柏、栾树、相思树、红叶李、石榴、芍药、牡丹、小叶朴、玫瑰、海棠、樟、重阳木、榆、法青等。以幼虫取食叶片，造成孔洞或缺刻，严重时，将叶片食光。此虫为杂食性害虫。

茶蓑蛾雌、雄异型，雌成虫无翅、无足，蛆状，体长12~16mm，头褐色，胸腹部黄白色。雄虫有翅有足，体长11~15mm，翅展22~30mm，深褐色至茶褐色。幼虫老熟时体长16~22mm，肉黄色。虫囊长30mm，外面有排列整齐的小枝梗或碎叶片。

图5.23 茶蓑蛾危害梅花

此虫一年发生1代，多以3~4龄幼虫在袋囊内悬挂于枝条上越冬。7月上中旬幼虫开始危害，直至10月、11月上旬陆续进入越冬期。初孵幼虫吐丝借风传播，昼伏夜出取食。

● 防治：

人工摘除护囊。保护利用天敌：姬蜂、大腿蜂、追寄蝇等。此虫对敌百虫药剂较敏感，可使用90%晶体敌

图5.25 菜粉蝶成虫

百虫1000~1500倍液防治，效果较好（图5.22~图5.24）。

12. 白粉蝶

又名菜青虫、菜白蝶，属鳞翅目、粉蝶科。主要危害大丽花、羽衣甘蓝、醉蝶花、一串红等草本及球根宿根花卉。以幼虫取食嫩芽、嫩叶、花蕾、花冠等。幼虫喜群集叶部，造成叶片残缺、孔洞，严重时食光叶片，甚至造成苗期死亡。

白粉蝶成虫体长17mm左右，灰黑色，前后翅为粉白色或黄白色。幼虫体长35mm左右，青绿色，圆筒形。蛹纺锤形，体背有3条纵脊，青绿色或灰褐色。

此虫在南京一年发生8代，以蛹在向阳的篱笆、屋檐、墙角、枯枝落叶下越冬。每年4~10月均能危害，以春夏最为严重。

● 防治：

人工捉杀幼虫、挖蛹。幼虫期，可用Bt乳剂400~600倍液，或者青虫菌（$6×10^7$孢子每毫升）500~800倍液，或90%敌百虫1500倍液，或其他食叶害虫所用药类进行防治。

保护利用天敌：绒茧蜂、金小蜂、姬蜂、多角体病毒、青虫杆菌等（图5.25~图5.27）。

图5.21 葱兰夜蛾幼虫及危害状

图5.26　菜粉蝶幼虫及危害状

图5.27　菜粉蝶幼虫及危害状

13. 短额负蝗

又名尖头蚱蜢，属直翅目、蝗科。其危害寄主有一串红、凤仙花、鸡冠花、三色堇、千日红、长春花、金鱼草、菊花、月季、茉莉、扶桑、大丽花、栀子花、唐菖蒲、鸢尾等。以初龄若虫群集叶背取食成网状，稍大后分散危害，将叶片吃成缺刻、孔洞，严重时全叶食光，仅留主枝，影响植物生长和观赏。

此虫之成虫体长 21~32mm，呈淡绿、褐或淡黄等色。头额锥形，前翅绿色，后翅基部红色，端部绿色。若虫初孵时淡绿色，布有白色斑点，复眼黄色。卵块外有黄褐色分泌物封固，

单粒卵乳白色，呈弧形。

该虫一年发生 2 代，以卵在土中越冬。越冬卵翌年 4 月下旬孵化，5 月至 6 月中旬为孵化盛期，5 月下旬至 7 月下旬第 1 代成虫羽化，开始产卵，第 2 代若虫 6 月下旬至 8 月中下旬孵出，8 月中旬至 10 月中下旬成虫羽化，陆续至霜冬。11 月下旬至 12 月中旬产卵越冬。若虫多栖息于枝叶上取食，有群集危害性。成虫喜产卵于荒地杂草较少处，卵成块产于土中，外包胶质物，每块约 10~25 粒卵。交尾时，雄虫伏在雌虫背上随雌虫爬行数天而不散，故而得名为"负蝗"。

● 防治：

发现群集初孵若虫危害叶片时，捕捉杀死。

危害严重时，喷洒 50% 杀螟松 1000 倍液，防效较好，或 90% 晶体敌百虫 800~1000 倍液（图5.28、图5.29）。

二、刺吸式害虫

1. 蚜虫类

蚜虫又称腻虫、蜜虫，属同翅目蚜科。蚜虫危害植物均以成、若虫刺吸寄主植物汁液，造成叶片失绿、枯黄，嫩梢嫩叶卷曲等，还易导致煤污病发生，影响植物生长和景观。下面

图5.28　短额负蝗危害状（鸡冠花）

介绍几种主要蚜虫：

1）槐蚜：主要危害本槐、刺槐、倒槐、龙爪槐等。一年发生数代，4 月中下旬起危害寄主植物，大约在 9 月下旬至 10 月，开始进入越冬期（图5.30）。

2）月季长管蚜：主要为害月季、蔷薇等。4 月上旬开始寄生、繁殖、危害，5 月中旬、10 月中下旬分别出现一次繁殖高峰期。气温干燥有利其繁殖危害。一年发生多代（图5.31）。

3）桃蚜：受害植物有花桃、木槿、槭树类、夹竹桃、石榴、蜀葵、梅花、兰花、柑橘、樱花、李、木芙蓉、大叶黄杨、西府海棠、扶桑、三色堇、郁金香、百日草、大丽花、瓜叶菊、牵牛花、仙客来、风信子、菊花、牡丹等多种木本和草本植物。一

图5.30　槐蚜危害状

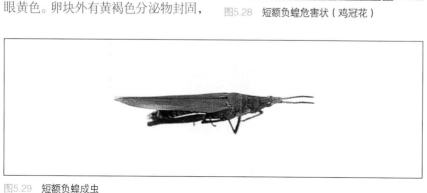

图5.29　短额负蝗成虫

图5.31　月季长管蚜成、若虫

图5.32　紫叶桃蚜虫危害状

图5.33　桃蚜危害状

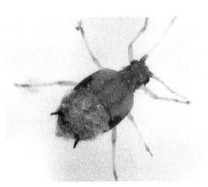

图5.34　棉蚜无翅蚜雌成虫

图5.35　柏大蚜群居嫩枝上危害

图5.36　杭州新胸蚜危害蚊母

图5.37　松蚜无翅雌成蚜及产卵状

年发生20~30代，3月下旬起繁殖危害，11月下旬在枝梢、裂缝中产卵越冬（图5.32、图5.33）。

4）棉蚜：危害石榴、木槿、百合、茉莉、白兰花、扶桑、花椒、梅花、紫荆、蜀葵、木芙蓉、枫杨、柳、悬铃木、石楠、柑橘、大叶黄杨、瓜叶菊、西府海棠、杜鹃、仙客来、牡丹、一串红、鸡冠花、大丽花、兰花、菊花等多种木本和草本植物。一年发生20余代，自4月起繁殖危害。10月下旬，雌雄成虫交尾产卵，在石榴、花椒、木槿的枝条、缝隙和芽腋处以卵越冬（图5.34）。

5）柏大蚜：主要危害侧柏、铅笔柏等多种柏树。一年发生数代，以卵在寄主上越冬。3月初至4月上旬开始危害，5~6月较严重，9~10月最

严重，天气干旱利于其繁殖危害。10月份后产卵，以卵越冬（图5.35）。

6）杭州新胸蚜：又名蚊母瘿瘤蚜，同翅目蚜科。主要危害蚊母，在叶片上形成瘿瘤。此虫每年11月，迁飞回到蚊母树上，孤雌胎生，产生有性蚜。有性蚜交尾后产卵于蚊母叶芽内，在蚊母芽萌动时，卵孵化成若虫，被害叶在虫体四周隆起，形成虫瘿。4月下旬至5月上旬，虫瘿内蚜虫胎生有翅蚜，5月中旬至6月上旬，瘿瘤破裂，有翅蚜又迁飞至越夏寄主（图5.36）。

7）松蚜：为害黑松、马尾松、湿地松、赤松、火炬松、油松、白皮松等各种松类。造成枝叶苍黄、抽梢短，并引致煤污病。一年发生多代，4月上中旬孵化危害，10月中下旬以卵进入越冬期（图5.37）。

8）绣线菊蚜：绣线菊、樱花、海桐、榆叶梅、法青、栀子、麻叶绣球、木本海棠、桂花、紫叶李、银柳、含笑、白兰花、笑靥花、石楠等均受其害。一年发生20多代，4月开始危害，11月中下旬产卵越冬（图5.38）。

其他园林蚜虫还有菊姬长管蚜（图5.39）、桃粉大尾蚜（图5.40）、桃瘤蚜、睡莲缢管蚜、紫薇长斑蚜、禾谷缢管蚜、柳瘤大蚜、竹梢凸唇斑蚜、茶二叉蚜、罗汉松新叶蚜、秋四脉绵蚜等。

● 防治：

蚜虫因其个体微小（体长一般1~2mm），繁殖力极强，每年以数代

图5.38 绣线菊蚜危害状

图5.40 桃粉大尾蚜成、若虫

至20多代繁殖危害,危害期长达(4~10月),因此,防治应抓住关键时期,采用合适的方法。蚜虫防治的主要方法如下:

1)清除寄主植物周围的杂草和枯枝落叶,消灭越冬卵。

2)蚜虫天敌较多,应保护和利用。如食蚜蝇、蚜茧蜂、蚜小蜂、食蚜虻、草蛉、瓢虫及其幼虫、小花蝽、绒螨等,

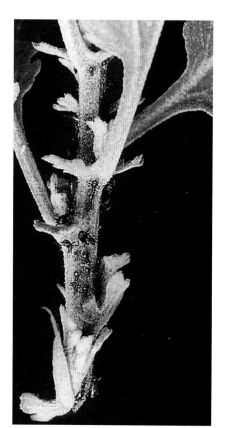

图5.39 菊姬长管蚜

在天敌种群强大时,可不用农药防治,充分发挥生物治虫作用。

3)竹林如蚜虫多,应进行合理抚育,保持竹林通风透光,减轻危害。

4)柳树蚜虫如发生量大,可用草束环,搜集下树的越冬蚜,然后将草环集中烧毁。

5)柏树类遭蚜虫危害,要加强浇水,补偿因虫害造成的失水,特别是干旱季节,防止树木过冬至早春时枯干死亡;同时,还可用80%敌敌畏乳油1000~1500倍液防治。

6)蚜虫危害期,可用20%速灭杀丁3000倍液喷治,每周1次、连续2~3次。

7)植物萌动前,可施波美度3~5度石硫合剂,消灭越冬卵和若虫。

8)结合整枝,剪除多卵枝条。

2. 梨网蝽

又名军配虫、梨冠网蝽等,属半翅目、网蝽科。主要危害梨、苹果、海棠、桃、李、杏、樱花、月季、杜鹃、梅花等花灌木。以成虫和若虫群集于叶背,吸汁危害,叶片正面呈现白色斑点,叶背一片黄褐色排泄物,造成叶片干枯脱落。

梨网蝽成虫体长约3.5mm,黑褐色,胸背和翅呈网纹状,两翅相合呈长方形,翅上黑斑构成"X"纹。

此虫一年发生3~5代,世代重叠,以成虫在树皮裂缝、枯枝落叶、杂草

丛中或土表越冬。在春季,梨、梅、海棠等展叶时即开始危害,集中到叶背吸食、产卵。若虫群集在叶背主脉两侧危害,全年以8月份发生密度最大、危害最重。10月下旬,成虫下树寻找合适场所越冬。

● 防治:

加强管理,增强树势,清除环境中的杂草和枯枝落叶;9月下旬于树干绑草,诱集越冬成虫,并集中烧毁;成、若虫危害期,可用29%净叶宝乳油1500倍,或50%易卫杀(杀虫环)可湿性粉剂2000倍,或20%杀灭菊酯2500倍,或花保60~80倍液喷治(图5.41~图5.43)。

图5.41 梨冠网蝽成虫

图5.42 梨冠网蝽危害状

图5.43 毛鹃被害状

图5.44 小绿叶蝉及其危害状

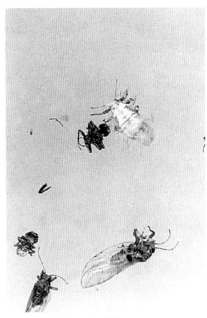

图5.46 青桐木虱成、若虫

3. 小绿叶蝉

又名小青叶蝉、桃小绿浮尘子、叶跳虫等，属同翅目、叶蝉科。主要危害樱花、花桃、木芙蓉、红叶李、紫叶李、柳、茶等。以成、若虫栖于叶背吮吸植物汁液，造成叶片失绿，呈现白色斑点，严重时全叶呈苍白色，影响观赏和开花。

小绿叶蝉成虫长 4mm 左右，淡绿色或黄绿色，翅微带绿色半透明。一年发生 5~6 代，以成虫在杂草、落叶及常绿树种如松、柏等树丛和树皮缝内越冬。于 4 月底开始活动危害，5 月上旬第一代，以后各代世代重叠，7~9 月，气温增高，繁殖增快，危害最烈。成虫危害至 10 月末，进入越冬期（图 5.44）。

● 防治：

入冬后，清除寄主植物周围落叶、杂草，消灭越冬成虫栖息场所；成、若虫危害期，可用花保 60~80 倍液，或 20% 杀灭菊酯 2500 倍或 20% 叶蝉散乳剂，或 50% 杀螟腈乳油 800 倍液进行防治。

此外，还有桃一点斑叶蝉，大青叶蝉等，可参考相同的方法防治。

4. 青桐木虱

又名梧桐木虱，属同翅目、木虱科。主要危害青桐（中国梧桐）枝叶。以成、若虫群集于枝叶刺吸汁液，并分泌白色絮状蜡质物，使嫩梢凋萎，叶面污染变黑，影响树木生长和观赏，为单食性害虫。

成虫体长 4~5mm，翅展 12~13mm，体黄色。全体覆盖白色絮状蜡质物。一年发生 2 代，以卵在枝条基部阴面越冬。4 月下旬至 5 月上旬孵化为若虫，并爬至嫩梢、叶背危害，分泌白色蜡丝，枝杈处布满白色絮状物（图 5.45、图 5.46）。

● 防治：

危害期间，喷洒清水，冲掉白色絮状物，可消灭成、若虫；也可以使用花保 60~80 倍液，或 1.2% 烟参碱 1000 倍液，或 80% 敌敌畏乳油 1000 倍液进行喷治。天敌昆虫有大草蛉、七星瓢虫、二星瓢虫、食蚜蝇等，应注意对天敌昆虫的保护和利用。

图5.45 青桐木虱危害状

5. 粉虱类

1）柑橘粉虱：又名通草粉虱、柑橘绿粉虱，属同翅目、粉虱科。

此虫主要危害桂花、柑橘、柿、茶、女贞、栀子花、常春藤、丁香、茶花、牡丹、石榴、牵牛花、紫薇等。以成、若虫群集叶背、嫩枝上吸食汁液，造成枝叶枯萎、早落叶，并诱发煤污病，影响植物生长和观赏。

此粉虱成虫长 1.2mm，翅白色，全体覆有白色粉状物。在南京地区一年发生 4 代，以老熟若虫或蛹在叶背越冬。各代成虫分别发生于 4 月下旬、6 月、8 月、10 月上中旬，以 7~8 月发生最多（图 5.47、图 5.48）。

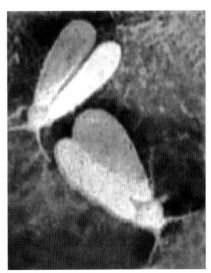

图5.47 柑橘粉虱成虫

图5.48　柑橘粉虱危害状

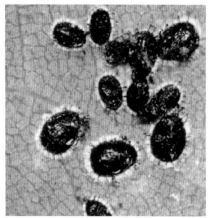

图5.49　橘刺粉虱

图5.50　橘刺粉虱危害柑橘

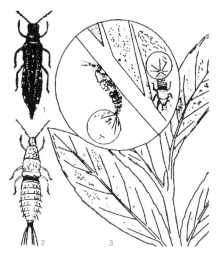

图5.51　红带滑胸针蓟马
1.成虫；2.幼虫；3.危害状

2）橘刺粉虱：又名黑刺粉虱，属同翅目粉虱科。主要危害柑橘、月季、蔷薇、白兰、米兰、玫瑰、樟树、山茶等多种园林植物。以成虫和若虫群集于叶背吸食汁液，其排泄物能诱发煤污病，严重影响植物的光合作用，严重时可导致植物整株枯死，影响园林景观。

此虫的成虫体长 1~1.3mm，翅褐紫色，翅上有一个白色斑纹，后翅小无斑纹。卵长椭圆形，弯曲状，约0.25mm，卵直立于叶上，如香蕉状。若虫老熟时长约 0.7mm，体呈灰至黑色，有光泽，体四周分泌有白色蜡质物。蛹近椭圆形，漆黑色，有光泽，体四周有较宽的白色蜡边，背面中央有一隆起的纵脊。

橘刺粉虱在江苏一年可发生 4 代，世代重叠。以老熟若虫在叶背越冬。3 月化蛹，4 月上中旬羽化成虫，第一代若虫在 4 月下旬发生，各代若虫盛发期分别在 5 月下旬、7 月中旬、8月下旬及 9 月下旬至 10 月上旬。卵多产于嫩枝新叶背面，呈螺旋状排列，数枚至百枚不等。卵端有柄，直立于叶背。若虫孵化后爬行不远，即固定吸汁液，并排泄出大量蜜汁，此蜜汁易诱发煤污病，使枝叶发黑，致落叶枯死（图5.49、图5.50）。

● 防治：

加强管理，适当进行修剪，使植物通风透光，减少虫害发生；秋末冬初，要进行清园，清除枯枝落叶等；抓住第一代成、若虫的防治，可选用20%

杀灭菊酯 2500 倍液，或 2.5% 溴氰菊酯2500 倍液，或 50% 杀螟松 1000 倍液，或 2.5% 的鱼藤精 4000 倍液进行喷治。4 月中下旬至 5 月中下旬，是防治第一代成、若虫的关键时期。

保护和利用粉虱的天敌，如刺粉虱细蜂、刀角瓢虫等寄生性和捕食性天敌。

6. 红带滑胸针蓟马

属缨翅目、蓟马科。危害的植物有法青、海棠、蚊母、杜鹃等。该虫主要在叶背危害，叶面出现许多灰白色斑点，影响植物生长和观赏。

此蓟马的成虫长 1.0~1.3mm，体黑色；卵圆形，白色透明；若虫体乳白色，背部有一条红带。

该虫一年发 6~8 代，世代重叠。以成虫和若虫在叶及枯枝落叶层中越冬。5 月至 11 月，各虫态均可见到。成虫产卵于叶肉内，并分泌褐色水状物盖于其上，每雌可产卵 33~154 粒不等。完成一代只需 20~50 天。高温干旱时，发生量增大，多雨时虫口下降。该虫怕直射阳光，常在叶背栖息。一般下

部老叶虫口多于上部嫩叶（图 5.51）。

● 防治：

秋冬季，及时清理枯枝落叶，并销毁，以消灭越冬虫口。

发生季，用 80% 敌敌畏乳油 1000倍液，或 20% 杀灭菊酯 2500 倍液进行喷治，每 10 天 1 次，连续 3~4 次即可。

7. 蚧虫类

1）日本龟蜡蚧：又名日本蜡蚧、龟甲蜡蚧，属同翅目、蚧科。主要危害悬铃木、雪松、大叶黄杨、栀子、石榴、蜡梅、桂花、山茶、白玉兰、紫玉兰、广玉兰、含笑、白兰、月季、牡丹、芍药、垂丝海棠、贴梗海棠、扶芳藤、海桐、紫薇、紫荆、紫藤、夹竹桃、梅花、丝兰、枸骨、火棘、无患子、榆、重阳木、丝棉木、三角枫、冬青、柑橘、柿、柳、杉、马尾松、椿等数十种植物。以若虫和雌成虫在叶片、枝条上刺吸汁液，严重时造成枝叶干枯，甚至死亡，并易诱发煤污病，严重影响园林景观。

日本龟蜡蚧雌成虫蜡壳椭圆形、灰白色，有龟甲状凹陷，周围有 8 个小突起，似龟甲，虫体长 3mm 左右，扁椭圆形、无翅，体腹部紫红色。此虫一年发生 1 代，以受精雌成虫在 2~3 年生枝条上越冬。5 月中旬产卵，5月下旬至 6 月上旬若虫孵化，6 月下旬为若虫孵化盛期。6 月中下旬是防治关键时期（图 5.52~ 图 5.54）。

图5.52 日本龟蜡蚧危害栀子花

图5.56 红蜡蚧危害火棘

3）草履蚧：又叫草鞋蚧，属同翅目、珠蚧科。主要危害法青、樱花、无花果、马尾松、柳、黄檀、稠李、泡桐、悬铃木、乌桕、楝、槐、柿、桃、枫杨、柑橘等植物。以若虫和雌成虫聚集在芽腋、嫩梢、叶片和枝干上，吸食植物汁液，造成植株生长不良、早期落叶。

草履蚧雌成虫体长10mm左右，椭圆形、黄褐色，体背有细毛和白色蜡粉，形似草鞋状、无翅。此虫一年发生1代，以卵在被害植株附近泥土、墙缝、树皮缝隙、枯枝落叶、石块堆中越冬。3月若虫沿树干爬至幼芽、嫩枝上，群集刺吸危害，4月上、中旬危害最烈（图5.57、图5.58）。

图5.53 日本龟蜡蚧雌成虫

2）红蜡蚧：别名红粉蚧、红蜡虫、红虱子，属同翅目、蚧科。此虫主要危害雪松、丝棉木、柿、红果冬青、山茶、枫香、柳、栀子、樱花、桂花、月季、枸骨、大叶黄杨、十大功劳、椿、柑橘、榆、五针松、黑松、苏铁、南天竺、米兰、八角金盘、月桂、茶梅等百余种植物。以若虫和雌成虫聚集在枝、叶上吸食汁液危害，严重影响植物生长，并诱发煤污病，使枝叶表面出现黑色煤层，影响植物光合作用，影响观赏。

此虫在南京一年发生1代，以受精的雌成虫在枝干上越冬。5月下旬至6月上旬为产卵盛期。该虫有边产卵、边孵化、边爬出母壳的习性，若虫多寄生固定在外侧枝叶上，并可借助风力传播（图5.55、图5.56）。

图5.54 日本龟蜡蚧危害枝干状

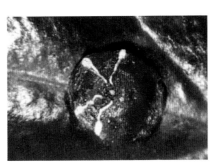

图5.55 红蜡蚧雌成虫

图5.57 草履蚧危害状

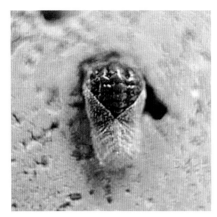

图5.58 草履蚧雌成虫蜕皮

4）紫薇绒蚧：又名石榴毡蚧，属同翅目、绒蚧科。其主要危害紫薇、石榴、桑、三角枫、女贞等花木。以雌成虫、若虫群集叶片及枝条树干上刺吸危害，影响树势，并分泌蜜露，诱发煤污病，造成早期落叶、落花，景观质量大大下降。

此虫雌成虫体卵圆形，暗紫红色，体长2.3~2.9mm。老熟时被包于灰白色的绒茧中。在南京，紫薇绒蚧一年发生3代，以2龄若虫在枝干交叉处缝隙内越冬。3月起取食为害。三代若虫分别在5月中下旬、7月上中旬、8月中旬发生（图5.59、图5.60）。

5）桑白盾蚧：又名桑白蚧、黄点蚧、桑拟轮蚧，属同翅目、盾蚧科。此虫主要危害植物有梅花、樱花、丁香、花桃、碧桃、苏铁、棕榈、桂花、榆叶梅、木槿、木芙蓉、秋葵、玫瑰、

图5.60 紫薇绒蚧危害状

天竺葵、翠菊、芍药、金丝桃、倒挂金钟、夹竹桃、鸡蛋花、牵牛花、鹤望兰、红叶李、桑、核桃、泡桐、柳、乌桕、山茶、臭椿、青桐、国槐、银杏、榆、柑橘、无花果、枇杷、葡萄等，食性很杂。以成、若虫寄生在枝干上吸食汁液，以2~3年生枝条受害最重，虫体遍布枝条，并分泌灰白色蜡质物，造成枝条枯萎，并诱发煤污病。

桑白盾蚧的雌成虫虫体扁平，如瓜子仁状，橘红色或橙黄色，体长约1mm左右，有明显螺旋状。其外介壳为白色、灰白色、长约2mm，上有两个橙黄色壳点。此虫一年发生3代，以受精雌成虫在二、三年生枝条上越冬。4月下旬至5月上中旬、6月下旬至7月下旬、8月下旬至9月上旬，为三代若虫孵化期，10月底至11月初进入越冬期（图5.61、图5.62）。

图5.62 桑白盾蚧危害状

6）卫矛矢尖蚧：属同翅目、盾蚧科。主要危害大叶黄杨、卫矛等。以成虫、若虫寄生在枝干及叶片上，多密集在二年生以上的枝干和叶背，刺吸汁液，被害严重的枝叶卷缩发黄，或成片枯萎死亡，并易诱发煤污病。

雌成虫介壳长梨形，弯曲状，紫褐色，背面有一线中脊，壳点两个，突出于端部，壳长1.8~2.4mm，雌虫体宽，呈纺锤形，橘黄色，长1.2~1.8mm。此虫一年发生3代，以受精雌成虫在枝叶上越冬。4月下旬至5月中旬、6月、8月上旬至8月中旬分别为3代若虫盛孵期，有世代重叠现象。第三代受精雌成虫于11月中旬进入越冬期（图5.63）。

图5.59 紫薇绒蚧雌成虫

图5.61 桑白盾蚧雌成虫

图5.63 卫矛矢尖蚧危害大叶黄杨

7）吹绵蚧：别名白蚰、棉籽虫，属同翅目、珠蚧科。此虫全国均有分布。主要危害柑橘、金橘、佛手、米兰、海桐、牡丹、玫瑰、月季、桂花、含笑、扶桑、石榴、山茶、玉兰、常春藤、棕榈、樱桃、冬青、木瓜、柿、杨、重阳木、朴树、枫杨、石楠、马尾松、垂柳、相思树、樟、枸杞、桉树、无花果、黄杨、郁李、女贞、九里香、合欢、三角枫、榔榆、柳杉、锦带花、蔓长春、芍药、悬铃木、金丝桃、南天竹、白兰、紫藤、海棠、蔷薇等250余种植物。此虫以雌蚧成虫、若虫群集枝叶上，吸取汁液危害，致使叶片发黄、枝梢枯萎，引起落叶，甚至全株死亡，并引发煤污病，影响植物生长，降低观赏价值。

吹绵蚧雌成虫椭圆形、橘红色，长5~7mm，中后胸四周有淡黄色绵状蜡块。产卵前，雌成虫腹部下面有银白色椭圆形隆起的卵囊，长4~8mm，通常有14~16条纵条纹。卵长椭圆形，橙黄色至橘红色，群集于卵囊中。若虫暗红色，2龄后体表覆盖淡黄色蜡粉。此时已分雌雄虫。此虫一年发生2~3代，有世代重叠现象。以雌成虫或若虫在枝条上越冬。翌年3月产卵，5月为产卵盛期，5月下旬至6月上旬为若虫盛孵期。第2代成虫在7月至8月，若虫盛发期在8月中旬至9月旬。第3代继续繁殖至10月间。以第一代危害最重。每头雌成虫可产卵600~1000余粒，最多可达2000粒。若虫孵化后从卵囊中爬出，分散固定于嫩梢或叶背主脉两侧危害，3龄后转移至枝干上群居为害。因雄虫少，雌虫可行孤雌生殖。23℃是若虫活动最佳温度，干燥、炎热气候于其不利（图5.64、图5.65）。

8）黑松紫牡蛎蚧：别名紫突眼蛎蚧、紫蛎蚧，属同翅目、盾蚧科。主要为害黑松、龙柏、矮紫杉、玫瑰、九里香、变叶木、葡萄、柑橘、马尾松等植物。以成虫、若虫满布于两枚针叶的缝内或在枝叶上及果实上危害，造成松针枯黄脱落，严重的可导致植株死亡。

图5.64 吹绵蚧

图5.65 吹绵蚧群集柑橘枝叶上吸食汁液

此虫雌介壳长2.5~3mm，扁长椭圆形，后端较宽，似长蛎壳，一般较直，但群集的常略弯曲。淡褐色至紫褐色，四周淡灰褐色。壳面有向前弯的横纹，但平滑有光泽。壳点2个，位于介壳前端，红褐色或与介壳同色。雌虫体扁长椭圆形，淡黄色。

此虫一年发生1~2代，以受精雌成虫、极少数以2龄若虫在枝叶或针叶上越冬。虫期发生不整齐。翌年5月雌成虫产卵，随即可见若虫。孵化后若虫很快固定在枝叶、果实上，分泌蜡质覆盖虫体，形成介壳。在一对针叶上可寄生1头至多头不等（图5.66、图5.67）。

图5.66 黑松紫牡蛎蚧雌成虫

图5.67 黑松紫牡蛎蚧危害黑松针叶

9）糠片盾蚧：别名糠片蚧、灰点蚧，属同翅目、盾蚧科。全国许多地区均有分布。主要危害山茶、茉莉、玳玳、蔷薇、月季、春兰、书带草、朱顶红、梅花、樱花、桂花、紫薇、木槿、桃叶珊瑚、月桂、小叶黄杨、胡颓子、樟树、枸杞、柑橘、卫矛、佛手、葡萄、文竹、夹竹桃、苏铁、变叶木、无花果、柿等。以成虫、若虫密集于枝、干、叶隐蔽处，吸取汁液，分泌蜜露，诱发煤污病，导致植物枝黄、叶枯，甚至整株死亡，影响观赏。

此虫雌介壳圆形或长圆形，长1.5~2mm，灰白色或灰黄褐色，中部稍隆起，边缘略斜，色淡。壳点圆形，位于端部，暗黄褐色。其外形及体色和糠片相似而得名。雌虫体略呈梨形或圆形，长约0.8mm，紫红色。

糠片盾蚧一年发生2~3代，以受精雌成虫或介壳下的卵在枝叶上越冬。翌年5、6月开始活动。产卵于雌壳下，第1代若虫发生在5月上旬，主要危害枝、叶；第2代若虫发生在7月上、中旬，第3代若虫发生在8月下旬至9月上旬，主要危害果实。各代间有重叠现象。雌成虫、若虫多固定在主干和粗枝上，叶背上也有危害。雌成虫可孤雌生殖。糠片盾

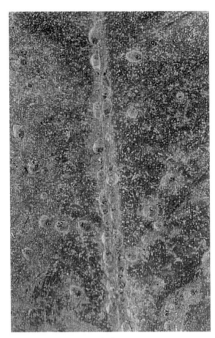

图5.68　糠片盾蚧虫体放大

蚧喜群聚于寄主隐蔽、光线不足的枝叶、小枝、果面栖息为害，叶面虫口数多于叶背2~3倍（图5.68）。

10）考氏白盾蚧：又名广菲盾蚧、椰子拟轮蚧、贝形白盾蚧，属同翅目、盾蚧科。其主要危害米兰、山茶、含笑、白兰、广玉兰、鹤望兰、君子兰、络石、丁香、夹竹桃、鸡蛋花、八仙花、八角金盘、金丝桃、白玉兰、杜鹃、棕竹、绣球、芍药、栀子、桂花、夜合、南天竺、蒲葵、散尾葵、枫香、重阳木、万年青等数十种植物。以成虫、若虫在寄主枝条、叶片上刺吸汁液危害，影响植物生长势，并诱发煤污病。

此虫雌成虫介壳略扁平、阔卵形、近圆形，不透明，白色，壳点两个突出在头端、黄褐色，长2mm左右。虫体近椭圆形或梨形，淡黄色，长1.5mm左右。该虫一年发生2~3代，各代发生整齐，以若虫或受精雌成虫在枝叶上越冬。4月中旬、7月上旬、9月下旬为3代若虫孵化发生期。一年中以7~9月危害最重（图5.69）。

11）竹灰球粉蚧：别名竹巢粉蚧，属同翅目、粉蚧科。主要危害毛竹、刚竹、淡竹、紫竹等多种竹类。以成虫、若虫寄生于枝腋叶鞘下，吸食汁液，外包一层似石灰质混有杂屑之蜡

图5.69　考氏白盾蚧危害含笑状

壳，形如鸟巢。受其危害，竹笋量减少，枝叶枯萎，竹林趋于衰败。

该虫的雌成虫红褐色，长2.2~3.3mm，外包蜡壳灰褐色，约5~6mm；卵圆形，淡黄色，略透明，长0.3~0.4mm。若虫初孵时橘黄色，长椭圆形，固定后变为黄褐色，2龄后变为橘黄色。一年发生1代，以受精雌成虫在当年新梢内越冬。翌年2月间，雌成虫边取食、边孕卵、边膨大形成灰褐色球状蜡壳。4月底至5月初，若虫孵化，5月中旬进入盛孵期，历时约50天。6月上中旬，雌雄成虫交尾，交尾后雌成虫在叶鞘内发育至越冬（图5.70~图5.72）。

此外，危害园林植物的蚧壳虫还有：角蜡蚧、褐软蚧、橘绿绵蜡蚧、朝鲜球坚蚧、白蜡蚧、日本松干蚧、柿绒蚧、竹半球链蚧、竹釉盾蚧、卫矛矢尖蚧、拟蔷薇白轮蚧、常春藤圆

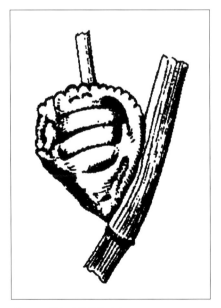

图5.70　竹灰球粉蚧雌成虫

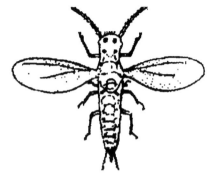

图5.71　竹灰球粉蚧雄成虫

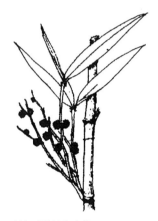

图5.72　竹灰球粉蚧危害状

蚧、褐叶圆蚧、仙人掌盾蚧、苏铁片圆蚧、日本单蜕盾蚧、黄杨芝糠蚧、榆牡蛎蚧、橘黄片圆蚧、橘红片圆蚧、樟网盾蚧、椰凹圆蚧等。

● 防治：

由于蚧虫都有蜡质的外壳，具有体形微小、隐蔽、繁殖力强等特点，在防治的时候，要注意抓住关键时期，如越冬期、若虫盛孵危害期。防治方法如下：

修剪多虫枝或刮除越冬雌成虫。合理疏枝，保持植物生长通风透光。

冬春温度在4℃以上时，可喷蚧螨灵150倍液，或机油乳剂30~50倍液，随配随用。若虫盛孵期，可用花保80~100倍液，或50%优乐得3000倍液，或用40%速扑杀（速蚧克）乳剂2000倍液，或蚧螨灵150倍液，或1%苦参素1000~2000倍液，连续2~3次（间隔7~10天）进行防治。

可用内吸剂，从根茎基部注射，内吸防治；或在植物根部四周开沟施用农药，从根部吸入进行防治。在引种繁殖时，应选无虫健康苗。

保护和利用天敌，如瓢虫、方头甲、中华草蛉、蚜小蜂、小毛瓢虫、捕食螨等。

8. 螨类

又名红蜘蛛，属节肢动物门、珠形纲、真螨目、螨科。园林上主要害螨有朱砂叶螨、酢浆草岩螨、柏小爪螨、柑橘全爪螨、桧三毛瘿螨、山楂红叶螨、二点叶螨、女贞刺瘿螨、多食跗线螨、刺足根螨、卵形短须螨等。下面详细介绍几种害螨：

1）朱砂叶螨：又名红叶螨，主要危害刺槐、木槿、龙爪柳、杨、李、樱花、樱桃、海棠、梅花、白玉兰、扶桑、石榴、茉莉、月季、蜀葵、凤仙花、一串红、大丽花、万寿菊、鸡冠花、蔷薇、香石竹、百日草、桂花、牡丹、石竹、文竹、萱草、金银花、刺槐等数十种植物。以成虫、若虫吸食危害寄主叶片、嫩茎、萼片等，严重时叶片落光，影响植物生长、开花和观赏。

朱砂叶螨体长0.4~0.5mm，锈红色或深红色，椭圆形。一年可发生10~12代，以受精雌成虫在枝干的裂缝中、树皮下、枯枝落叶中、根际土缝中、杂草根际、石块下、墙缝中等处越冬。4月下旬至5月上旬第一代若螨孵化危害。当气温在20~25℃时，约10天左右即繁殖一代。5~6月繁殖最快，危害最重。干燥、通风差更利于其繁殖、危害。受害叶面呈黄白色小点，并逐渐扩展到全叶。严重时，叶片失水枯黄脱落，花苞受害则不开花（图5.73~图5.75）。

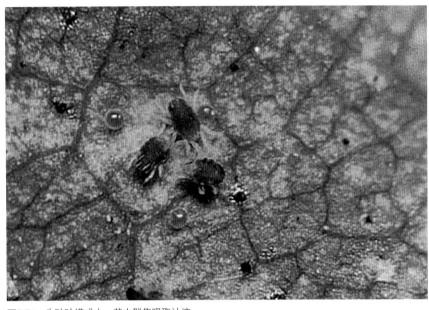

图5.74 朱砂叶螨成虫、若虫群集吸取汁液

图5.75 受朱砂叶螨危害的月季呈现苍白色小斑点

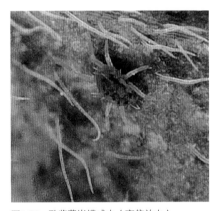

图5.76 酢浆草岩螨成虫（高倍放大）

图5.77 酢浆草岩螨危害状

图5.73 受朱砂叶螨危害的桃叶呈褐黄色，有白色斑点

2）酢浆草岩螨：又名酢浆草如叶螨。其主要危害酢浆草属植物。其中以红花酢浆草受害最重。幼螨、若螨、成螨均以口针刺破植物组织，吮吸汁液，使叶片形成许多黄白色小点，甚至全叶枯死。雌螨深红色，雄螨橘黄色。一年可发生多代。温度适宜、空气干燥时，如春秋季易猖獗发生（图5.76、图5.77）。

3）柏小爪螨：别名柏红蜘蛛。其危害的植物有真柏、花柏、侧柏、桧柏、龙柏、线柏、刺柏、细叶云杉等。以成螨、若螨吸食汁液。植物受害后，鳞叶基部枯黄色，鳞叶间有丝网；严重时，树冠发黄，似火烧般，严重影响树木生长和观赏。其雌成螨体长0.3mm左右，倒鸭梨形，黄白色。一年中可发生十多代，以卵在侧柏叶上、桧柏叶鞘内越冬。3月下旬孵化若螨，5月危害最重，可使受害植株叶变灰黄、失水干枯。7、8月高温雨季虫口密度下降。10月下旬、11月初渐渐进入越冬期（图5.78）。

4）柑橘全爪螨：别名柑橘红蜘蛛、柑橘红叶螨、橘全爪螨、瘤皮红蜘蛛，属螨目、叶螨科。主要危害桂花、金橘、柑橘、月季、白玉兰、天竺葵、南天竺、美人蕉、榕树、络石、桃、蔷薇、茶、桑、垂柳、枣、佛手、九里香等。以成虫、若虫群集于叶背吸食汁液，使叶片正面呈现许多苍白色小点，失去光泽，严重时全叶发白，造成大量落叶；同时，对嫩梢、果实也都造成危害，尤其是幼嫩组织受害重，影响生长和观赏。

成螨约 0.3~0.4mm，暗红色，幼螨淡红色，若螨体色与成螨相似。此螨一年发生 12~17 代，以卵和雌成螨在枝条裂缝及叶背越冬。翌春开始发生时，一般先从三年生老叶上虫口开始增长，3 月中下旬向春梢迁移危害。春秋两季繁殖较快。卵多产于叶片和嫩枝上，以叶背主脉两侧为多。该螨发育最适温度为 25~30℃，4~5 月春梢期，虫口繁殖增长快，达最高峰，6 月中下旬虫口密度开始下降，7~8 月高温季节数量很少，9~10 月气温渐降，虫口开始上升，为第二个高峰，危害秋梢严重。因此，夏季高温时发生少，危害轻；在春、秋适温时，发生多、危害重（图 5.79）。

● 防治：

因螨类多极微小，不易发现，并且每年可发生多代，为害严重。因此，防治要根据其习性，抓住关键时期进行。具体防治方法有：

冬季可喷波美度 3~5 度的石硫合剂，减少来年的虫口密度；春季用 0.2~0.3 波美度石硫合剂进行防治。若螨发生期，可喷用 20% 三氯杀螨醇 800~1000 倍液，或 80% 灭螨胺可湿性粉剂 900 倍液，或花保 100 倍液，或 15% 速螨酮（哒螨灵）2000 倍液，或 10% 必螨立克 2000 倍液等进行防治。危害严重时，每隔 7 天喷一次，连续进行 2~3 次。

加强管理，及时清除寄主植物周围的杂草、杂物、枯枝落叶等。

保护和利用天敌：食螨瓢虫、草蛉、肉食性蓟马、盲走螨等。

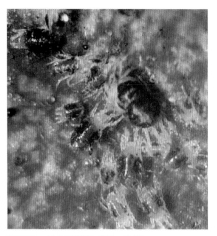

图5.78 柏小爪螨的成螨、若螨

图5.79 柑橘全爪螨成螨

9. 蚱蝉

别名黑蚱蝉、知了，属同翅目、蝉科。其主要危害梅花、桂花、紫荆、樱花、樱桃、海棠、白玉兰、蜡梅、槐、柑橘、花桃等。若虫刺吸植物根部汁液，雌成虫以锋利的产卵器割破枝梢的皮层呈锯齿状排列的小槽，产卵于其中造成危害，导致小枝枯死，影响植株开花、结实。

蚱蝉即"知了"，体长 45mm 左右，翅展 120mm 左右，黑色，有光泽，并被有金黄色细毛，双翅透明。雄虫腹部 1~2 节有鸣叫器，能鸣声。雌虫腹末有刀状产卵器。卵长 2.4mm 左右、乳白色、半透明、有光泽。若虫即为"肉知了"，黄褐色。此虫完成一代需四年，以若虫在土中和卵在枝条上越冬。7~8 月成虫发生期，天愈热雄虫鸣声愈响。成虫有趋光扑火的习性。交尾后的雌成虫多在 5mm 左右粗的小枝上产卵，每个伤口内产卵 6~8 粒，每个枝条上可产百余粒，造成小枝枯死。卵期达 10 个月左右，第二年 6 月中旬卵孵化，孵化后的若虫即落地，

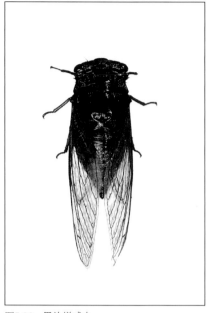

图5.80 黑蚱蝉成虫

图5.81 蚱蝉产卵危害紫荆

潜入土中，深秋后潜入深土层中越冬，春暖花开时，即移动至根部，刺吸汁液危害。老熟幼虫于 6~8 月夜间爬出地面，上树蜕壳为"伪蛹"，3~4 小时后即变成虫（图 5.80、图 5.81）。

● 防治：

冬春结合修剪，剪除有虫卵枝，并烧毁；6~8 月，若虫爬出地面上树蜕壳时，检查树干，消灭未羽化之"伪蛹"，或用胶带缠于树干，待其上树时，粘住捕杀；还可用火光诱杀成虫。

三、蛀食性害虫

1. 天牛类

属鞘翅目、天牛科害虫。园林上常见的天牛有光肩星天牛、星天牛、

图5.82 双条杉天牛幼虫

刺角天牛、云斑天牛、桑天牛、薄翅锯天牛、桃红颈天牛、双条杉天牛（图5.82、图5.83）、双条合欢天牛、松墨天牛、菊天牛、曲牙锯天牛、竹虎天牛、黄斑星天牛等。

1）光肩星天牛：别名柳星天牛。主要危害杨、柳、榆、枫杨、樱花、泡桐、苦楝、海棠、苹果、柑橘、红叶李、晚樱、加杨、龙爪柳、桑、栾树、刺槐等数十种树木、花灌木。以幼虫钻蛀危害木质部，自树根到树梢均有危害，造成枝易折、树干毁坏，成虫还取食叶片和嫩枝皮等，为杂食性害虫。

雌成虫长22~38mm，雄虫略小，全体黑色，有光泽。鞘翅上有白色绒毛组成的白斑纹20个，大小不等，排列不规则。鞘翅基部（肩部）光滑无颗粒状突起，故称"光肩"。一年发生1代，以幼虫在树干蛀道内越冬。3月起开始危害。6月上旬出现羽化成虫，6月中旬至7月上旬为成虫飞出盛期。卵产于树干离地面5cm

以上全树直至枝梢4cm以内。树上有明显的直径为7~10mm的近圆形刻槽产卵孔，每槽内产卵一粒。初孵幼虫三龄后蛀入木质部危害。幼虫体圆筒形，乳白色，无胸足，老熟时长50~60mm，前胸背板黄褐色，上有凸形纹。此虫喜在有枝条的树干和疏林中寄生，因此，林缘和行道树受害重；反之，生长旺盛的树，卵和幼虫死亡率高，受害轻。

2）星天牛：别名白条天牛。其危害的植物主要有悬铃木、杨、柳、榆、桃、桑、柑橘、苹果、苦楝、罗汉松、花红、核桃、桤木、樟树、西府海棠、梨、无花果、樱花、枇杷、乌桕、刺槐、合欢、相思树、凤凰木、喜树、泡桐、紫薇、大叶黄杨、冬青、油茶、龙爪柳、榕树、龙眼、荔枝、海棠果等数十种植物，食性很杂。

星天牛成虫体长20~29mm，体漆黑色，略有光泽，具白色小斑点。鞘翅黑色，具小型白色毛斑，翅基（肩部）有大小不一的瘤状突起。幼虫体圆筒形，乳白色或淡黄色，长45~67mm，头大而扁，黄褐色。

此虫一年发生1代，以幼虫在树干内越冬。3月份，幼虫开始活动蛀食危害，4月下旬至5月上旬成虫出现，5、6月为成虫盛发期。5月底至6月中旬为产卵盛期，6月上旬始见幼虫在树皮下蛀食，7~8月蛀入木质部危害。成虫在中午高温和晚上及雨

图5.84 星天牛成虫

图5.85 星天牛幼虫

天时栖息不动。卵多产于树干基部，少数产于第一分枝。产卵孔为"T"字形或"八"字形刻槽，每槽产1卵。初孵幼虫在树皮下盘旋蛀食，渐向木质部蛀食，并渐向根部扩展。11月初渐渐进入越冬期（图5.84、图5.85）。

3）云斑天牛：主要为害植物有桑、白蜡、柳、乌桕、女贞、泡桐、枇杷、杨、苦楝、悬铃木、榆、桉、椿树、柑橘、紫荆、紫薇、法青、榕、枫杨等数十种植物。幼虫蛀食韧皮部和木质部，造成树势衰弱，导致树木死亡。其成虫啃食新枝嫩皮，使新枝不能正常生长。成虫体长32~65mm，体黑色或黑褐色，密被灰白色绒毛。鞘翅上有白斑，翅基有颗粒状突起。幼虫乳白色或淡黄色，头部深棕色，体长70~80mm。

该虫2~3年完成1代，以幼虫、成虫在蛀道内越冬。成虫5~6月出现，卵多产于植株离地面1~2m范围内的树干上。产卵孔为宽"一"字形刻痕，长约18mm，卵产于刻痕上方，大约在7月上旬卵孵化率达50%左右。

图5.83 双条杉天牛成虫

20~30 天后，幼虫蛀入木质部，并不断向上蛀食（图5.86、图5.87）。

图5.86　云斑天牛幼虫

图5.87　云斑天牛成虫

4）桃红颈天牛：别名红颈天牛。主要危害桃、郁李、梅、樱花、樱桃、木本海棠、杏、李、晚樱、梨、稠李、榆叶梅、绿梅等多种蔷薇科植物及杨、柳、柿、构树、悬铃木、榆、栎、菊花等其他植物。以幼虫蛀入木质部危害，造成中空，严重时，整株死亡。

此天牛成虫体长 28~37mm，全体黑色有光泽，前胸背板红色或棕红色，即为"红颈"。幼虫乳白色或乳黄色，长 42~52mm。此虫 2 年完成 1 代，少数 3 年 1 代。第一年以低龄幼虫、第二代以老熟幼虫在树干蛀道内越冬。3~4 月开始危害，5~6 月危害加重，6~8 月成虫羽化。交尾后雌成虫在寄主根茎附近产卵，卵多产于树干基部

或主枝树皮裂缝内。产卵孔为方形伤痕，每孔产一卵。幼虫期长，当年幼虫在韧皮部和木质部之间危害，并在此越冬，次春恢复活动后，渐入木质部危害，蛀食方向由上向下，直至土下 7~10cm（图5.88、图5.89）。

5）曲牙锯天牛：别名土居天牛。主要危害柳、水杉、枫杨等苗根及草坪地下茎，造成苗木枯萎、草坪地上部分枯死。此天牛成虫体长

图5.89　桃红颈天牛幼虫

25~47mm，体宽 10~16mm，棕栗色或栗黑色，略带金色光泽。翅上密被革状皱纹。幼虫白色，圆筒状。该虫一年发生 1 代，以老熟幼虫在土中越冬。5 月中旬羽化，5~6 月雨后，成虫大量羽化出土，交尾产卵。卵产于潮湿的草坪土中或苗圃中杂草较多的地方。幼虫孵化后栖于土中，咬食草坪地下茎及苗木的根，一直危害到 11 月，进入越冬期（图5.90）。

● 防治：

加强苗木检疫，严把苗木关，不输出、不引进带虫苗木；加强园林养护，增强树势，减少危害；对有趋光性的天

图5.88　桃红颈天牛成虫

图5.90　曲牙锯天牛

牛成虫可用黑光灯诱杀。

在天牛成虫盛发期，利用其中午高温和雨天栖息不动的习性，或早上露水未干时，可人工对光肩星天牛、刺角天牛、红颈天牛、桑天牛等，捕杀成虫。可用新鲜的 4cm 以上的柏树枝干诱杀柏木双条杉天牛成虫，如天牛已在饵木上产卵，要将饵木销毁。对刺角天牛成虫外出活动或产卵盛期，要向树干下部喷 20% 菊杀乳油200~400 倍液杀死成虫。用草绳缠绕碧桃、榆叶梅、花桃、樱花等树干基部，可诱红颈天牛等成虫产卵，于幼虫孵化初期解下草绳烧毁。在产卵期，可用木槌击打产卵伤痕，杀死虫卵。对已钻入木质部的天牛幼虫，可人工钩、掏，也可用 80% 敌敌畏乳油 30~50 倍液注射，或按煤油 1000 克加敌敌畏乳油 50 克的比例注射虫孔，或药棉塞孔。

对于土居曲牙锯天牛，可用 50%杀螟松 1000 倍液浇灌，杀死幼虫。还可在 5 月底 6 月初雨后，人工捕杀草坪上的羽化成虫。

对危害菊花等植物的菊天牛，可剪除被害嫩梢；对产卵痕下 1~2 寸处幼虫钻蛀的茎要及时拔除，消灭卵或幼虫；同时清除田边菊科杂草。

产卵前，可用树干涂白剂涂干1.2m 左右，涂白剂配方为：生石灰 5份、硫磺粉 0.5~1.5 份、盐 1 份、水20~30 份，混合搅拌均匀即成。可减少产卵量。

卵期，可往产卵槽上涂抹煤油和敌杀死混合液（1∶1），杀卵。

及时伐除枯枝、枯死树，更新衰老树，修补树洞，减少虫源。

在天牛卵、幼虫、成虫期，可用50% 杀螟松乳油 1000 倍液防治；成虫盛发期，可用绿色威雷微胶囊制剂（又名 8% 氯氰菊酯微胶囊剂）300~400 倍液喷施，持效期可达 52 天；或 20% 灭蛀磷乳剂 80 倍液，或 10% 天王星乳油3000 倍液，或 20% 菊杀乳油 1000~2000倍液等喷干。

生物防治：在天牛幼虫孵化率达

50% 左右时，于傍晚无雨时，释放管氏肿腿蜂，此蜂产卵于天牛初孵幼虫。释放比例为蜂 3~5 头∶1 头天牛幼虫。该肿腿蜂会自行自下而上寻找天牛虫孔进入寄生。天牛的天敌还有病原线虫、斯氏线虫、蒲螨、啄木鸟、花绒坚甲、细角花蝽等。

2. 银杏超小卷叶蛾

属鳞翅目、卷蛾科。主要危害银杏，食性单一。以幼虫蛀食果枝端部或当年生嫩枝梢。受害枝叶枯黄，严重时，落叶落果。

此虫成虫体长 4~5mm，翅展约12mm，全体黑褐色。幼虫体长 11~12mm，灰白色或淡黄色，头尾黑色。一年发生 1 代，以蛹在粗皮内越冬。成虫在 3 月下旬至 4 月中旬出现，幼虫危害期在 4 月下旬至 5 月中旬，老熟幼虫向枯叶转移盛期在 5 月下旬至6 月上旬，7 月上旬后呈滞育状。成虫产卵于 1~2 年生小枝上，幼虫孵化后即蛀孔钻入枝内，作横向取食。11月后，化蛹越冬。

● 防治：

成虫羽化期，4 月上旬至 4 月下旬，早上 6~8 时栖息树干时，人工捕杀成虫，或用 50% 杀螟松 250 倍液与2.5% 溴氰菊酯 500 倍液，按 1∶1 混合喷洒树干杀成虫。

幼虫孵化危害期，枝条上出现叶片、幼果枯萎时，应及时剪除、或用80% 敌敌畏乳油 800~1000 倍液喷雾防治幼虫。

老熟幼虫转移时（约在 5 月底、6 月初），用 2.5% 溴氰菊酯 2500 倍液1 份与 20 份柴油混合，于树干基部、上部及骨干枝的下部，分别涂 4cm 宽的毒环，杀死转移之幼虫（图 5.91~图5.93）。

图5.91　银杏超小卷叶蛾成虫

图5.92　银杏超小卷叶蛾幼虫

图5.93　银杏超小卷叶蛾蛹

3. 松梢螟

别名松斑螟蛾、球果螟、钻心虫，属鳞翅目、螟蛾科。此虫主要危害马尾松、火炬松、华山松、黑松、油松、云杉、五针松、冷杉、铁杉等松杉类植物。以幼虫蛀食梢部枝条，使枝条枯死。其成虫体长10~16mm，翅展 20~30mm，全体灰褐色。幼虫长 12~30mm，淡赤色或绿色，头及前胸背板褐色。该虫一年发生 2 代，以 4~5 龄幼虫在髓部内越冬，或随受害球果落地作薄茧越冬。4 月中、下旬开始活动危害，幼虫有两次高峰：一次在 5 月下旬，一次在 7 月后。卵产于新梢顶端、针叶基部或新球果上。卵多单产。幼虫孵化后钻入枝条或球果内危害，幼虫有转移危害现象。成虫夜晚活动。第二代成虫于 9~10 月出现，11月幼虫进入越冬期。

● 防治：

4~5 月，清除被害枝，秋冬清除受害落地果球。用灯光诱杀成虫。幼虫孵化期，用 50% 杀螟松 500~1000倍液，或 10% 吡虫啉乳油 3000 倍液，或 30% 桃小灵乳剂 2000 倍液进行防治，10~15 天 1 次，连续 2~3 次。

另有天敌：赤眼蜂、长距茧蜂等应注意保护（图5.94~图5.96）。

4. 咖啡黑点蠹蛾

别名咖啡木蠹蛾、豹纹木蠹蛾，属鳞翅目、木蠹蛾科。主要危害番石榴、黄玉兰、羊蹄甲、晚樱、杜鹃、大叶黄杨、咖啡、悬铃木、龙眼、薄壳山核桃、李、石榴、刺槐、葡萄、贴梗海棠、垂丝海棠、无患子、枫杨、乌桕、梨、山茶花、紫荆等数十种植物。以幼虫蛀入嫩梢、叶腋危害，造成枝叶枯萎、枝条折断。

此虫雌成虫体长18~20mm，翅展40~46mm，雄蛾小，11~15mm，体灰白色，具蓝黑色斑点，翅灰白色、半透明，上面密布大小不等的青蓝色斜置斑点。幼虫初孵时1.5~2mm，紫黑色，后变暗红色。老熟幼虫长30mm左右，头橘红色，体赤黄色。此虫一年发生1代，以幼虫在被害枝条的虫道内越冬。3月中旬开始取食危害，5月中旬至7月上旬成虫羽化，5月下旬为成虫羽化盛期。卵产于树皮缝、旧虫道、新抽嫩梢或芽腋处。5月下旬至6月上旬幼虫开始孵化，10月下旬至11月初停止取食。幼虫孵化后2~3天扩散，多从叶腋、嫩梢顶腋芽处蛀入。虫道向上，蛀入1~2天后，蛀孔以上部分枯萎，并在蛀孔处折断，危害状明显。6~7月，幼虫向下至二年生枝条危害，枝条枯死加快并折断，危害状更加明显。

● 防治：

及时剪除枯死枝并烧毁。幼虫孵化盛期蛀入枝干前，喷50%杀螟松1000~1500倍液喷治。幼虫蛀入韧皮部后，可用50%杀螟松和柴油以1：9混合注入虫孔杀死幼虫，效果极佳（图5.97、图5.98）。

5. 赤腰透翅蛾

别名黄尾透翅蛾，属鳞翅目、透翅蛾科。主要危害薄壳山核桃、板栗、麻栎、栓皮栎等植物。

此虫成虫形似黄蜂，雌蛾体长14~20mm，翅展24~38mm，前后翅均透明，体色艳而多变。幼虫乳白色，半透明，头褐色。一年发生1代，以幼虫在蛀道内越冬。3月中旬开始取食危害，7月中旬化蛹，9月下旬羽化结束，8月下旬幼虫始孵出，陆续进入越冬期。幼虫从孵出到化蛹历时300余天。初孵幼虫当日即从树皮缝或伤口处蛀入皮内，向上潜食，并从裂缝处排粪，幼虫在皮下取食形成层和韧皮部，每个虫道1头虫。蛹室做于潜食区树皮表面，羽化后蛹壳的1/3~1/2外露。

● 防治：

加强养管，增强树势，提高抗性。产卵前，用石硫合剂涂干，高度为离地面1.5m以内，减少成虫产卵。幼虫孵化危害期（4~5月），用40%氧化乐果或80%敌敌畏乳油800~1000倍液喷干，800倍的氧化乐果防治效果最好，或用80%敌敌畏乳油与柴油1：20刷干（4、5月和10月中、下旬），效果可达90%。越冬幼虫开始活动期，用渗透性强的灭蛀磷400倍液喷干（图5.99、图5.100）。

图5.94 松梢螟成虫

图5.95 松梢螟幼虫

图5.96 松梢螟危害状

图5.97 咖啡黑点蠹蛾成虫

图5.98 咖啡黑点蠹蛾幼虫

图5.99 赤腰透翅蛾蛹壳

图5.100 赤腰透翅蛾危害薄壳山核桃

6. 柳瘿蚊

属双翅目、瘿蚊科。主要危害柳、垂柳、旱柳、龙爪柳等植物,受害部位形成肿大的瘿瘤,造成树势衰弱,失去观赏价值和经济价值,甚至死亡。

柳瘿蚊之成虫体长 2.5~3.5mm,紫红色或黑褐色,足细长形似蚊子。幼虫椭圆形、橘黄色。此虫一年发生1代,以幼虫在虫瘿内越冬。2月下旬至3月上旬化蛹,3月中、下旬羽化成虫。卵产于瘿瘤的羽化孔中,少数产于嫩叶基部、树皮伤口和裂缝中。卵呈块状,每块数粒至数百粒。瘿瘤内卵孵化的幼虫蛀入木质部形成层危害,使组织坏死,其他部位的卵孵化后从嫩芽和伤口蛀入,受害处组织增生,形成瘿瘤。以后连年危害,瘿瘤不断增大。幼虫寄生密度以 2~3 年生枝条最大,30~40 头每平方厘米。老熟幼虫在瘿瘤表皮内做蛹室化蛹。

● 防治:

剪除瘿瘤并烧毁,在伤口上涂抹杀虫剂和杀菌剂混合液。秋冬季进行此工作最好。

3月上旬,用80% 敌敌畏乳油1份、柴油19份,混合涂于瘿瘤表面,可杀死蛹和未羽化成虫。

4 月下旬至 5 月下旬,幼虫在形成层内,可用80% 敌敌畏乳油1份、水 2 份,涂刷受害处,在涂刷前,将虫瘿表面划出数条刀口,利于药液渗透,提高防治效果。

此外,还有许多植物会发生瘿瘤或癌肿病,如蜡梅、银杏、木本绣球、西府海棠、法青、樱花等,都有肿瘤发生。均可参照上述防治方法进行防治。

在剪除或割除肿瘤后,伤口均要用杀虫剂和杀菌剂的混合药液进行处理,可防止虫或菌从伤口处再次侵入危害(图5.101~图 5.103)。

四、地下害虫

地下害虫的种类主要有蛴螬、小地老虎、黄地老虎、蝼蛄、金针虫、白蚁等,以蛴螬和小地老虎危害为多,园林植物受白蚁危害也日益严重。

图5.102　柳瘿蚊危害柳树状

1. 蛴螬

俗称白地蚕,是金龟子幼虫的总称。属鞘翅目、金龟甲科。其危害多种花木的地下根茎、种子及草坪草,造成苗木死亡、提早落叶及草坪草成片枯死。南京地区主要的金龟子有铜绿丽金龟、苹绿丽金龟子、白星花金龟、四纹丽金龟、毛边丽金龟、日本丽金龟等。其中铜绿丽金龟危害较重。蛴螬通常在春季、夏末秋初两季危害,成虫则取食寄主叶片、芽、花蕾、花冠等。

蛴螬体白色或乳白色,头部橙黄色或赤褐色。体长因种类不同而不同,一般为 15~30mm。腹部末端向腹面弯曲,形成 “C” 字形。体圆筒形,胸足 3 对,无腹足。蛴螬多数一年发生1代,3~4 月,土温上升,蛴螬亦在土中上升活动,取食危害。其成虫金龟子有假死性和趋光性。成虫产卵于牲畜粪便、腐烂有机物、湿润的松土上及背风向阳的地方。以幼虫或成虫在土中越冬。

下面重点介绍铜绿丽金龟的发生与危害。

铜绿丽金龟:又名铜绿金龟子,属鞘翅目、丽金龟科。危害杨、柳、榆、海棠、山楂、梅、桃、柏、松、月季、

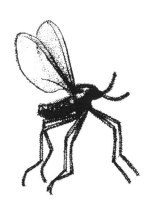

图5.101　柳瘿蚊雄成虫

图5.103　蜡梅瘿瘤危害状

樱花、女贞、槭树、刺槐、蔷薇、杏、喜树、樟树、香椿、日本晚樱、茶花、樱桃、夹竹桃、栎、柑橘、桉树、吊钟花、扶桑、榔榆、核桃、梨、苹果、茶、油茶等。成虫常聚集在果树、防风林、花木等取食叶片、嫩芽，严重威胁花木的正常生长发育。

此金龟子成虫体椭圆形，背为铜绿色，上有三条不太明显的隆起线。虫体腹面及足均为黄褐色。卵椭圆形，长约2mm，初为乳白色，后为淡黄色，表面光滑。幼虫老熟时40mm左右，头淡黄褐色，其余乳白色。蛹初为白色，后为淡褐色。

该虫一年发生1代，以3龄幼虫在土中越冬。次年5月始化蛹，6~7月成虫出土为害，8月下旬终止。成虫多在傍晚飞出交尾产卵，卵产于疏松的土壤内，每次产卵20~30粒，7月出现低龄幼虫，取食寄主植物根部。成虫喜在疏松、潮湿的土壤里栖息，一般为7cm深处，并具有强烈的趋光性和假死性。10月上中旬，幼虫在土中开始越冬。

● 防治：

用黑光灯诱杀成虫金龟甲；利用成虫的假死性，人工捕杀成虫；冬季翻地，冻死越冬蛴螬；在生长季，可用80%敌敌畏乳液800~1000倍液，或50%马拉硫磷，或50%辛硫磷，或25%乙酰甲胺磷1000倍液浇灌苗地或草坪，杀死蛴螬。

蛴螬的天敌有青蛙、刺猬、寄生蜂、寄生蝇、白僵菌、凹纹胡蜂等，应加以保护和利用。

在6月上中旬，成虫发生危害期，喷布50%西维因可湿性粉剂500~600

图5.104　铜绿丽金龟

图5.105　黑绒金龟

图5.106　暗黑金龟子

倍液，或马拉硫磷乳剂1000倍液杀成虫（图5.104~图5.108）。

图5.107　白星花金龟成虫

2. 小地老虎

俗称切根虫、夜盗虫、土蚕、地蚕等，属鳞翅目、夜蛾科。其幼虫危害植物种类很多、食性很杂，可危害100多种园林植物。轻者造成缺苗断垄，重者毁种重播，甚至可爬至植株上咬嫩茎、幼芽。

小地老虎成虫体长20mm左右，翅展40~50mm，全体灰褐色，前翅深灰褐色，后翅灰白色。老熟幼虫长50mm左右，体略扁，黑褐色稍带黄色。体表密布黑色粒点，背中线明显。一年可发生4代，以蛹和幼虫越冬。3~4月成虫出现，昼伏夜出，有很强

图5.108　蛴螬（金龟子幼虫）

的趋光性。喜糖醋等芳香物质。成虫喜在多草、潮湿处产卵，5~6月、8月、9~10月幼虫为害。初孵幼虫危害苗木地上部分，3龄后分散潜入土中，夜出危害，从地面将咬断的苗木拖入土穴，并可迁移危害。以第一代幼虫危害最烈。成虫、幼虫均有假死性，老熟幼虫在土层5cm处做土室化蛹。

此虫有食虫益鸟、蟾蜍、步行虫、寄生蝇、寄生蜂、鼠等天敌。

● 防治：

清除杂草，减少田间产卵量；结合浇水，淹死土中初龄幼虫；糖醋诱杀成虫，配方为：红糖6份、醋3份、白酒1份、水10份，加少量胃毒杀虫剂，如90%敌百虫，晚间放入田中，可诱杀成虫；成虫有趋光性，可用灯光诱杀成虫；20%卫士高可湿性粉剂1000倍液防治三龄前群集在杂草和幼苗上的幼虫；或用90%晶体敌百虫1000倍液浸泡泡桐叶放于苗床或田间，也可捕杀幼虫。

用90%晶体敌百虫0.5kg加水2.5~5kg，拌鲜草50kg，傍晚撒于苗床或田间，防治4龄后幼虫（图5.109~图5.111）。

3. 白蚁

等翅目、白蚁科。危害园林植物，全国25省市均有分布，长江以南，

图5.109　小地老虎成虫

图5.110　小地老虎幼虫

图5.111　小地老虎危害状

尤为严重。江苏有家白蚁和黑翅土白蚁，主要危害栗、樟、杨、柳、松、白玉兰、枫香、绣球、银杏、梅、刺槐、乌桕、梧桐、柑橘、茶、杉木、柏、重阳木等90余种植物。白蚁营巢于土中，取食植物的根颈部，或在植物上作泥被，啃食树皮，也能从伤口进入木质部，使苗木枯死，危害严重。

白蚁为土栖、社会性昆虫，内部分工明确，有蚁王、蚁后、工蚁、兵蚁及生殖蚁。体形大小一般为12~15mm，翅展45~50mm。家白蚁翅为白色略透明，头胸腹为红棕色。黑翅土白蚁翅为黑褐色、头胸腹为黑褐色。二者的幼虫均为白色、乳白色。每年活动期为3~10月，11月、12月在巢中越冬，主蚁巢直径可达1m多，其周围还有许多副巢，彼此以蚁道相通。4~6月为白蚁纷飞期，在蚁巢附近会出现成群的分群孔，这些分群孔为圆锥形，一般离主巢2m，多至5m。在湿度达95%的闷热天气或雨前，晚19点前后则开始分群群飞。群飞的白蚁有强烈的趋光性，趋光怕风。雌雄交配后，蜕去四翅，寻找适宜处，进入地下筑新巢，成为新巢的蚁王、蚁后。巢可深达土下1~2m处。每巢中可有百万头以上的个体。

● 防治：

挖巢灭蚁，根据泥被、泥线、地形、分群孔等寻找蚁巢，离主巢较近时，会有酸味。

压烟灭蚁，找到通蚁巢的主道口，将压烟筒的出烟管插入主道口，并将敌敌畏插管烟剂放入筒内点燃，扭紧加盖，杀虫效果好。

苗期蚁害，可用75%辛硫磷1000~1500倍液淋根保苗。

食物诱杀，在蚁害周围，投放白蚁喜食的甘蔗皮、渣，桉树皮等，诱到后杀灭。

4~6月白蚁纷飞时，灯光诱杀有翅白蚁。

喷药灭蚁，用灭蚁灵、蚁克星等农药在蚁害处、主道口、分群孔等处施用。

白蚁的天敌有蝙蝠、青蛙、壁虎、蚂蚁等。

苗圃地播种前翻地改土，挖毁蚁巢。播种时，用50%氯丹乳剂400倍液浸种，可驱杀白蚁。

蚁克星的使用方法为：

设堆引诱法：将蚁克星药袋置于白蚁喜食的食堆中。

药食同埋法：将药袋与食物一并埋没，视蚁患程度决定投药密度。

绑扎法：在树干泥被顶端绑扎药袋及遮光物。

搭桥法：将干枯树棒（长10cm左右）的一端置于新鲜泥被、泥线顶端，另一端置于药物上，然后用白蚁喜食的食物盖上即可。

防治效果：白蚁取食药物1/3袋，20天左右，即可见效。白蚁死后，会长出炭棒菌，又名地炭棒，可指示死亡巢的位置。每袋药重5g。

另外，还可在被害植物下部挖沟施药覆土浇水灭蚁、树干上喷灭蚁灵。在被害树下挖一环形沟，沟深5~10cm，宽20~30cm，雨后晴天施用杀虫剂。如土壤干燥则开沟后先浇水或施药填土后再浇水，以利药中成分在土壤中快速被根系吸收。树干泥被要打破，将隐蔽其下的白蚁掉入环形沟中杀灭。同时，树干上也喷灭蚁灵等农药，消灭遗漏白蚁（图5.112、图5.113）。

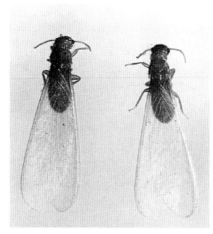

图5.112　家白蚁

图5.115　瓢虫幼虫吃蚜虫

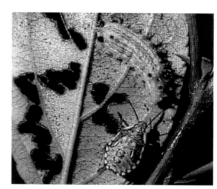

图5.117　捕食性天敌——蝎蝽

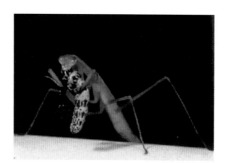

图5.116　螳螂吃尺蠖幼虫

图5.118　蚜虫天敌——草蛉成虫

图5.113　白蚁危害状——泥被

五、园林天敌昆虫

害虫天敌在自然界里有很多，如：瓢虫、草蛉、姬蜂、螳螂等（图5.114~图5.123）。

图5.119　食蚜蝇捕食蚜虫

图5.114　螳螂正在捕食蚜虫

图5.120　管氏肿腿蜂寄生天牛

图5.121 蚜虫天敌——食蚜蝇幼虫

图5.122 木蠹蛾天敌——姬蜂

图5.123 蚜虫天敌——黑缘红瓢虫

第三节 主要病害及其防治

园林植物病害种类很多，有真菌性病害，如白粉病、炭疽病、叶斑病、灰霉病、白绢病等；有细菌性病害，如软腐病、细菌性穿孔病、腐烂病、细菌性叶斑病等；有病毒性病害，如菊花病毒、牡丹病毒、香石竹病毒、月季花叶病毒等；有生理性病害，如土壤偏酸、偏碱、缺铁、缺各种元素、水淹、缺水、日灼、霜冻等原因引起的生长不良及各种不正常症状等；还

有很多植物会出现丛枝病，如枫杨丛枝、竹类丛枝、泡桐丛枝、枣疯病、大叶黄杨丛枝病等。

一、红花酢浆草白绢病

俗称烂根病。病状为：叶片似开水烫过一般，继而可导致大片枯黄，如被烧烤的黄褐色或焦黄色。在病株基部，地表有白色丝绢状菌丝。4月下旬至5月上旬始发病，6月中旬至7月下旬为发病盛期。高温高湿利于病害的蔓延扩展；种植过密，地不平，土太黏、排水不畅、过度荫蔽等均利于病害发生和危害。

● 防治：

栽植前，应平整土地，不能使用全黏土，排水要流畅。

生长过密后，应及时进行分栽。

病害发生前，每7~10天喷施一次75%百菌清或70%代森锰锌可溶性粉剂500~800倍液，连续施3次，可起保护作用，减少发病。

病害始见期，应用65%的硫菌霉威可湿性粉剂800~1000倍液，或40%的菌核净可湿性粉剂500~600倍液进行喷淋，每10天1次，连续3~4次。

二、月季黑斑病

此病除危害月季外，还可危害蔷薇、玫瑰等花卉。病害主要发生在叶片上，其次为花梗或嫩梢。通常植株中下层叶片发病较重。病斑为近圆形黑褐色斑，后期病斑多连成片，上有小黑点即病原菌的分生孢子盘。病叶褪绿变黄，易脱落，严重影响植物生长和开花。此病在月季生长期间可多次侵染危害。一般在6月和9月各有一个发病高峰，阴雨潮湿或植株过密及生长不良均有利于病害侵染危害。此病病源菌在病植株上或病落叶中越冬。

● 防治：

及时修剪，增加通透性；结合修剪，除去病枝叶；栽植中应注意通风散湿。

秋末冬初结合清园，及时清除病落叶及枯枝落叶，减少来年初侵染病源。

在病害发生前，每7~10天，喷

洒1次75%的百菌清可湿性粉剂，或80%的代森锌可湿性粉剂600~800倍液，保护新叶不受侵染。

在发病期间，每7~10天喷1次64%的杀毒矾可湿性粉剂300~500倍液，或50%甲基托布津500~800倍液，或50%多菌灵可湿性粉剂500~1000倍液进行防治（图5.124）。

图5.124 月季黑斑病叶片与健康叶片

三、紫薇白粉病

主要为害紫薇的叶、嫩梢、花蕾、花瓣、果实等。被害叶片两面均出现不规则的褪色斑块，并布满白粉，即病原菌的分生孢子梗和分生孢子。病叶和病梢扭曲皱缩畸形，致枯黄脱落，花不能正常开放。后期在病叶或病果上产生黑色散生小黑点，此为病源菌的闭囊壳。

此病病原菌以菌丝在病株的休眠芽内或以闭囊壳在病残体中越冬。4月底至5月上中旬产生分生孢子，借气流传播到紫薇嫩组织上进行侵染危害，并可反复多次侵染。如昼夜温差大、晨露重、荫蔽湿润的立地条件，有利于病菌的侵染，生长过密病害较重。

● 防治：

栽种不能过密，保持通风透光、排水良好；剪除病枝叶、及时清除病落叶，加强管理，增强抵抗力；发病前夕，喷洒70%的代森锰锌，或75%的百菌清可湿性粉剂600倍液，保护植株嫩组织不受侵染，每10天左右1次，连续3~4次。

发病期间，可喷洒45%的杀菌灵悬浮剂，或70%甲基托布津1000倍液，或50%的敌菌灵可湿性粉剂600~800倍液，每10天1次；亦可喷胶体硫

200 倍液，7~10 天 1 次，连续 3 次左右（图 5.125~图 5.127）。

图5.125　紫薇白粉病

图5.126　大叶黄杨白粉病

图5.127　窄叶十大功劳白粉病

四、桃树流胶病

又称疣皮病，是危害花桃、紫叶李等植物的一种常见病。受害后会引起树势早衰、叶黄，树皮与木质部腐烂；严重时，全株枯死，严重影响景观。

流胶病的病原菌在树干树枝的染病组织中越冬。第二年在桃花萌芽前后产生大量分生孢子，借风雨传播，从植株的伤口或皮孔侵入，以后还会再侵染。一般 3 月下旬开始发生流胶，

春季低温多阴雨是病害发生的重要条件。高温多湿的 5~6 月为发病盛期。9 月下旬至 10 月中旬缓慢停止。管理粗放、排水不良、土壤黏重、树体衰弱，病害易于发生。

● 防治：

加强养护管理，增强树势，提高抗病能力。

冬季修剪清园，剪除病枯枝干，喷 29% 石硫合剂对树体进行消毒；20%~25% 石灰乳刷树干杀菌消毒；加强对蚜虫、蛀食害虫的防治，减少植株树皮伤口。

刮疤涂药。发芽前后刮除病斑，涂抹杀菌剂如抗菌剂 402 的 100 倍液，或 1 ：1 ：100 波尔多液，或 50% 多菌灵 500 倍液喷洒，或涂抹病株，杀灭病菌、减少侵染源。

早春萌动前喷施波美度 5 度的石硫合剂或 50% 退菌特可湿性粉剂 800 倍液，杀死越冬后的病菌，每 10 天 1 次，连续 3 次。

3 月下旬至 4 月上旬发病初期喷 72% 农用硫酸链霉素 4000~5000 倍液，隔 7 天 1 次，连续 2~3 次；或 50% 多菌灵 800~1000 倍液，或 50% 甲基托布津 1000~1500 倍液，每 10 天 1 次，连续 3~4 次。

在桃花生长旺盛期 5~6 月，正值高温高湿季节，病害发生严重，可用 25% 施宝克乳油 500~800 倍液，或 70% 代森锰锌可湿性粉剂 500 倍液，每 7~10 天 1 次，连续 3~4 次（图 5.128 ）。

五、梨桧锈病

又名贴梗海棠锈病、苹桧锈病等。主要危害贴梗海棠、木瓜、垂丝海棠、梨、棠梨、山楂等。其转主寄主有桧柏、翠柏、铺地柏、蜀柏、鹿角柏、龙柏等。病害可发生在叶片、叶柄、嫩枝、果实上，其中以叶片受害最为突出。每年 4 月上中旬开始，叶片的正面产生淡黄色小斑点，以后渐扩大成黄色圆斑，斑中央出现黄红色或橙黄色小粒点，即病原菌的性孢子器，后期变褐色或黑色。叶面多向叶背隆起、增厚，上着生黄白色至灰白色毛状物，病叶极易枯焦。枝梢、叶柄常曲折畸形。严重时，5 月底，6 月上、中旬，使植株呈火烧状，严重影响景观效果。

此病菌以菌丝体在桧柏等圆柏属的植物上越冬，次年春天（3 月中旬至 4 月上旬），在桧柏上产生锈色角

图5.128　桃树流胶病

状突起，即冬孢子堆，遇雨即吸水膨胀成橙黄色木耳状胶体，上面产生黄色粉状物，即担孢子，借风雨传播到贴梗海棠等花木上侵染危害。暖冬或早春回温快，雨水多，以及海棠等周围有桧柏等存在，距离又较近，则病害发生早且严重。

● 防治：

园林植物配置设计中，应将贴梗海棠等木瓜属花木及梨、棠梨等与桧柏类圆柏属树木的种植距离适当远些，切断侵染链。

3 月中旬开始，于雨后向贴梗海棠等花木上喷施 20% 粉锈宁乳油 1000~1500 倍液，或 12.5% 的特普唑可湿性粉剂 2000 倍液（一般年份，喷 2~3 次即可），或三唑酮乳油 2000 倍液，或 43% 好力克悬浮剂 5000 倍液。

秋季，桧柏上喷药与否可看海棠类感病轻重；如果感病轻，则桧柏不用喷药，如感病重，则可喷 1~2 次波尔多液或 80 倍的石硫合剂进行保护（图5.129、图5.130）。

六、樱花褐斑穿孔病

这是樱花叶部的重要病害，其还危害樱桃、榆叶梅、花桃、梅花、杏、山楂等。病害多发生在中下层叶片，逐渐向上部蔓延。病斑起初为针头状紫褐色小点，渐扩大成近圆形、略带环纹的褐斑，直径为 1~5mm。后期病斑上产生灰褐色细小霉丛状物，即病原分生孢子。病斑边缘产生离层，故而脱落形成穿孔，并导致叶片早落。此病原以菌丝体在病叶、病梢内越冬，也可在病残体中以子囊壳越冬。翌年 6 月左右开始产生分生孢子或子囊孢子，藉风雨传播，8~10 月为发病盛期。多风、多雨及树势弱等有利于发病，干燥的环境病害往往较重。日本樱花易感病，山樱较抗病。

● 防治：

及时清除落叶，尤其秋末冬初，彻底清除病落叶，减少来年初侵染源。

增施有机肥，增强树势，及时排水、浇水。

发病期，用 70% 代森锰锌可湿性粉剂 400~600 倍液或 10% 双效灵水剂 200~300 倍液防治。

在雨水较多时，可用 50% 敌菌灵可湿性粉剂 400~600 倍液防治。

此外，樱花还有细菌性穿孔病，在发病期间可喷施 5% 的菌毒清 300~500 倍液，每 7~10 天 1 次，连续 3~4 次即可（图5.131、图5.132）。

七、五针松落针病

主要危害日本五针松、银杉、白皮松、红松、樟子松、油松、华山松、

图5.131 樱花褐斑穿孔病

赤松、黑松、黄山松、马尾松、云南松、金钱松等松类树木。对五针松的苗木、幼树及成株的针叶均可侵染发病，导致针叶黄化脱落，病株死亡。

此病侵染二年生针叶，初期出现黄绿相间的斑纹，到 8 月上旬，病斑扩大，由黄绿转为红褐色，病叶开始脱落。到 11 月，病叶由红褐色转为黄褐色，在病斑上产生许多小黑点，即病原性孢子器，此时针叶大部分脱落，3、4 月间，在落叶上产生具有光泽的黑色小点，即病菌的子囊盘。在每枚针叶上，至少有 4~5 个子囊盘，多则 10~30 个。

此病为真菌性病害，以病原的原始子实体在落针上越冬。翌春形成子

图5.129 贴梗海棠梨桧锈病危害状（叶背）

图5.130 棠梨梨桧锈病危害状（叶面）

图5.132 山楂褐斑穿孔病

囊孢子进行初次侵染，4~5月，在雨天或湿度大时，有利于孢子散放、萌发和侵染，是发病的有利时期。

● 防治：

冬季清除落叶，并烧毁，减少侵染源。

喷施 1：1 波尔多液，或 50% 退菌特，或 70% 敌克松 500~800 倍液可防治、控制此病。需每隔 10 天左右连续施药 3~4 次（图 5.133）。

图5.133 五针松落针病

八、石楠轮纹病

主要危害石楠。发病严重时，病斑累累，叶片发黄，影响生长和观赏。

此病为真菌性病害，多发生在叶片边缘，呈不规则圆形大大小小的斑，褐色，斑中央深褐色，其上散生有小黑点，即为病原菌的分生孢子盘。此菌以分生孢子盘在病残体组织中越冬。翌年条件适宜时，即产生分生孢子，侵入寄主植物危害。

● 防治：

彻底清除落叶并烧毁。

发病期可喷施：70% 甲基托布津 1000 倍液，或 75% 百菌清 500 倍液进行防治。一般可施药 3 次，中间隔 7~10 天即可（图 5.134）。

图5.134 石楠轮纹病

九、桂花枯斑病

又名桂花褐斑病、赤枯病。危害金桂、银桂、水蜡树等，造成叶片枯黄脱落，影响植株生长、开花。

此病病菌多从叶缘、叶尖侵入，开始叶片出现淡褐色小点，继而扩大为不规则的大型斑块，几个病斑连在一起时，则全叶干枯 1/3~1/2。病斑呈灰褐色，有时会卷曲、脆裂。后期，叶表面会散生很多小黑点，即病菌的分生孢子器。

此病病原为叶点霉属的真菌，以菌丝体或分生孢子器在被害叶片上越冬。翌春，温度适宜时，分生孢子器产生分生孢子，借风力传播到寄主植物上。病害多发生在 7~11 月，高温高湿的气候、通风不良的环境及植物生长势弱的情况下会发病严重。此病最适温度为 27℃，适合温度范围为 10~33℃。

● 防治：

清理树下落叶。压条移栽的苗木，应摘除病叶，消灭初侵染源。

在重病区取苗、出圃时应喷高锰酸钾 1000 倍液进行消毒。发病期可喷施 1：2：200 石灰倍量式波尔多液，或 50% 苯来特 1000~1500 倍液。每 10 天左右喷药 1 次，视病情可连续施用 2~3 次（图 5.135）。

十、金叶女贞叶斑病

病原为丛梗孢科的真菌，危害寄主单一。发病时，病叶上出现接近圆形的褐色病斑，具有轮纹，病斑外围边缘黄色，不规则形。病斑由小至大，直径可达 1cm 以上。数斑会连成一片。病叶极易脱落，造成植株光杆。在色块种植中，高密度种植发病重于低密

图5.135 桂花枯斑病

图5.136 金叶女贞叶斑病

度种植，中央重于外缘（图 5.136）。

● 防治：

及时清理落叶，并销毁；适当栽植，使其通风散湿。

在新叶萌发前，可施用 75% 百菌清，或 70% 代森锰锌可湿性粉剂 500~800 倍液进行喷防，起到保护作用，使新叶不受侵染，减少发病。须间隔 7~10 天喷药，连续施用 3 次。

病害发生始见期，可选用 50% 甲基托布津 500~800 倍液，或 50% 多菌灵可湿性粉剂 500~1000 倍液，或 50% 苯来特 1000~1500 倍液进行防治，每 10 天喷施 1 次，可连续施用 3 次。

十一、雪松疫病

又名雪松根腐病、雪松枯萎病。病害主要发生在根部，多从根尖或根的分叉及根的中间开始。发病初

期，根表呈淡褐色水渍状病斑，后渐扩展，由小侧根到大侧根，病斑颜色由浅变深至黑褐色。病根皮层组织呈褐色水渍状坏死；内部组织呈褐色坏死，但仍坚硬不腐。地上部分初期无明显病症，仅部分针叶缺少光泽略显浅绿色。当病害渐重时，则针叶呈现明显的浅灰绿色且陆续脱落，树冠变稀疏，部分枝条或侧枝开始枯萎，最终导致整株死亡。病害还会向四周的植株蔓延。导致此病的病原菌为厌气性疫霉菌，在土壤中或病残体内存活，藉雨水近距离传播，人为调运会导致远距离传播。根际土壤板结、黏重、积水、暴风雨多、植株生长不良等均有利于病害的发生。5~8 月为病原菌侵染盛期，7~11 月为发病高峰期。为害雪松的疫霉菌还可危害香樟、杜鹃等多种花木。

● 防治：

植株应栽植在疏松透气的土壤中，树下应栽耐阴地被植物，以免根部土壤被人为践踏而造成板结。加强养护管理，如有板结，及时松土，并增施有机肥，适时施用速效肥，增强树势。

对初发病的植株，应立即进行松土、喷淋或浇灌 90% 的乙霜灵可湿性粉剂，同时施些稀释的速效肥，如3‰的尿素，一年中可施 2~3 次药肥液；对健康株，可用药液进行预防性的喷淋保护；对已病重的植株应及时彻底清除，并对其病穴以及附近的植株，用 90% 的乙霜灵可湿性粉剂，或 58% 的甲霜锰锌可湿性粉剂 800~1000 倍液进行喷淋或浇灌（图5.137、图 5.138）。

十二、病毒病

病毒为非细胞形态的专性寄生物，是一种微粒体，一般在病株球（块）茎、种子等和杂草上潜伏越冬。病毒一般是由蚜虫、蓟马、粉虱、叶蝉等昆虫媒介传播的。管理粗放、环境差、杂草多、有刺吸性害虫危害等易发病。病毒病的表现一般为褪绿黄化、花叶、斑驳、丛生、畸形、环（条）斑、枯斑、

图5.137　雪松疫病症状

图5.138　雪松疫病防治后

卷叶、坏死等，植株通常矮缩、畸形、不能正常生长和开花，如菊花病毒病、郁金香花叶病毒病等。

● 防治：

及时清除周围杂草，适时防治传毒之害虫；发现病株及时拔除并烧毁。

发病初期，可喷施 5% 的菌毒清水剂 300~600 倍液，或 20% 的病毒灵，或毒克星可湿性粉剂 400~700 倍液，每 7~10 天 1 次，连续 3~4 次。

十三、丛枝病

如大叶黄杨丛枝病、枫杨丛枝病、枣疯病、泡桐丛枝病、竹丛枝病等。病原有类菌质体（MLO）或真菌中竹

瘤座菌、担子菌中的锈菌、微座外担子菌等。该病原通过嫁接、昆虫（如盲蝽、叶蝉等）进行传播，种子、土壤、汁液不能传播。此病又称鸟巢病、扫帚病等。丛枝病的症状是丛生的枝条又生出许多小枝，众多细长的小枝交织簇聚在一起，形似鸟巢或扫帚。病枝叶片变小、畸形、皱缩、黄化，严重时导致整株死亡。

竹类丛枝病危害刚竹、淡竹、水竹、毛竹、短穗竹等，还可危害枫杨、核桃等；泡桐丛枝病还可危害重阳木、苦楝、喜树、夹竹桃、香樟、杜鹃等花木。

● 防治：

加强养护管理，增强植物长势；及时防治蝽象、叶蝉等媒介昆虫；嫁接工具要消毒；发现病枝时要及时清除，剪除病枝宜在春夏季节进行，消灭病原；清除杂草和枯枝落叶；重病株应连根挖除并销毁，减少病源，坚持数年，效果明显。

在生长季，可用土霉素等四环素族的抗菌素通过干基注射法、断根吸收法、叶面喷洒法、接穗（种根）浸泡法、沾根法等进行防治。发病初期，可喷洒 20% 三唑酮乳油 1000~1500 倍液；在剪口、伤口处涂土霉素凡士林（1：9）药膏；用盐酸四环素或土霉素碱，注射或灌根（图 5.139~ 图 5.142）。

图5.139　泡桐丛枝病

图5.140　竹子丛枝病

图5.141　拐枣丛枝病

图5.142　枣疯病

十四、缺铁性黄化病

属于生理性病害，不会传染和蔓延，是由于土壤偏碱、土壤中铁元素不易为植物吸收而影响叶绿素形成，导致叶片变黄失绿。茶花、杜鹃、白兰、栀子、香樟、广玉兰、含笑等多种植物都会出现缺铁性黄化症状。

● 防治：

茶花、杜鹃、白兰、栀子等均可用喷洒 0.2% 硫酸亚铁溶液来防治，同时，把根部的偏碱土壤适当更换。生长期，可每隔 15 天浇一次 0.2% 硫酸亚铁水溶液，防止土壤变碱，并向叶面喷施。

香樟等可用每 50kg 水兑 100~150g 硫酸亚铁，柠檬酸 50~100g，进行叶面正反面喷雾及根部开穴浇灌，

图5.143　广玉兰黄化病

同时配合使用有机肥液进行黄化治理。

此外生理性病害还有日灼病、干旱死亡、水淹死亡、冻害、土壤中盐碱含量过高引起生长不良或死亡等（图5.143~ 图5.145）。

图5.144　杜鹃黄化病

图5.145　杜鹃健康枝叶

第四节　草坪主要病虫害及其防治

一、草坪主要虫害及其防治

1. 地下害虫

蛴螬（各种金龟子幼虫）、小地老虎、大地老虎、黄地老虎、蝼蛄、金针虫、土居天牛（曲牙锯天牛）。其中以蛴螬、小地老虎为害严重。

● 防治：

（1）种子处理：药剂拌种，可保护种子和幼苗免遭危害。可用 50% 辛硫磷 0.5kg，加水 25~50kg 处理禾本科草籽，主治蛴螬，兼治蝼蛄、金针虫等。

（2）土壤处理：50% 辛硫磷乳油，或 25% 辛硫磷微囊缓释剂 1.5kg，兑水 22.5kg，拌细土、细沙 22.5kg 撒施后翻地或条施后浅锄，结合灌水效果更佳。

（3）灯光诱杀：利用蛴螬（金龟甲）、蝼蛄成虫的趋光性，用黑光灯诱杀，平均每 40~50m 地段设一盏黑光灯，采用墨绿单管双光灯诱杀效果明显。

幼虫为害期，结合草坪灌水，加入 50% 辛硫磷，或 50% 马拉硫磷，或 80% 敌敌畏乳油，或 90% 敌百虫 1000~1500 倍液可有效地防治地下各种害虫。

2. 其他害虫

食叶害虫：斜纹夜蛾、黏虫、草地螟等；刺吸害虫：蚜虫、叶蝉、粉虱等；蛀食害虫：麦秆蝇、潜叶蝇等。

●防治：

蚜虫、潜叶蝇类，可结合草坪修剪，剪除害虫，剪除的草屑要集中并销毁。

黏虫、斜纹夜蛾、草地螟等吃茎叶的害虫，可用杀虫剂防治，配比浓度参考食叶害虫防治部分。

对成虫有趋光性的害虫，如小地老虎成虫、斜纹夜蛾、草地螟等，可用黑光灯诱杀。

用色板诱杀，可诱杀大量有翅蚜、白粉虱、潜叶蝇等，方法就是将黄色粘胶板置于草坪区域，可以达到较好的杀虫效果。

米醋酒液诱杀，可消灭黏虫和斜纹夜蛾成虫。用米醋酒液或其他发酵有酸甜味的植物配成诱虫剂，盛于浅盘等容器中，每公顷草坪放二三盆即可。置盆要高出草坪 30cm 左右，诱液深 3cm 左右，早晨取出盆中蛾子，白天盖上盆盖，晚上开盖，5~7 天换一次诱液，连续 16~20 天。米醋酒液的配制比例为：糖 2 份、酒 1 份、醋 4 份、水 2 份，调匀后加 1 份 2.5% 敌百虫粉剂。

3. 蜗牛

有害生物还有蜗牛，蜗牛为腹足纲软体动物，其取食叶片、叶柄，用齿舌将幼叶舔成小孔或咬断叶柄，分泌的黏液污染幼苗，取食时造成的伤口还会诱发软腐病，导致叶片或幼苗腐烂。蜗牛 1 年繁殖 1~3 代，在湿度大、温度高的季节繁殖很快。其产卵于草根、土缝、枯叶、石块下。每年 5 月中旬至 10 月上旬是其活动盛期，6~9 月最为旺盛，10 月下旬开始减少危害（图 5.146）。

图5.146　薄球蜗牛

●防治：

控制土壤水分最为关键，要降低土壤湿度；清除周围杂草、植物残体、石头等杂物，减少其隐藏地。

春末夏初勤松土、勤翻地，使蜗牛成螺和卵块暴露、暴晒而亡。冬季翻地，使成贝、幼贝、卵暴露冻死或被天敌取食。

撒生石灰于绿地边，蜗牛沾石灰就会失水而亡。

在发生始盛期，进行化学防治：每亩用 2% 灭害螺毒饵 0.4~0.5kg，或 5% 密达（四聚乙醛）杀螺颗粒剂 0.5~0.6kg，或 10% 的多聚乙醛（蜗牛敌）颗粒剂 0.6~1kg，搅拌干细土或细沙后，于傍晚均匀撒于草坪上面。清晨，蜗牛潜入土中时，（阴天可以在上午）用硫酸铜 1800 倍液，或 1% 食盐水喷洒防治，用灭蜗灵 800~1000 倍液，或氨水 70~400 倍液喷洒防治均可。

二、草坪主要病害及其防治

草坪病害种类很多，有草坪褐斑病、腐霉枯萎病、结缕草锈病、苗枯病、炭疽病、铜斑病、币斑病、仙环病、雪霉枯萎病、叶斑病、红丝病、条黑粉病、叶瘟病、春季死斑病等。

病害的症状有：变色（黄化、红叶、花叶等），斑点（褐斑、黑斑、灰斑等大小不一、形状各异的斑点），腐烂（根腐、茎基腐，根据发生时水分不同，有软腐、湿腐、干腐）；苗期有立枯、黄萎、枯萎、青枯等，畸形（生长过度、丛枝、卷叶、膨大、肿瘤等），白粉、黑粉、霉层等。

以下介绍几种比较普遍且严重的病害：

1. 草坪褐斑病

又名丝核立枯病、茎腐病、基腐病、纹枯病等。此病可危害高羊茅、匍匐剪股颖、草地早熟禾等已知所有草坪草，尤以冷季型草坪草受害严重。其主要侵染草坪植株的叶鞘、茎，引起叶片和茎基腐烂，在条件适宜时，只要有几片叶片或植株受害，就会很快造成大面积受害，受害草坪近圆形的褐色蛙眼状枯草斑块，可以从几平方厘米，迅速扩大到 2 平方米左右。在冷季型草坪中，高温条件下最易感染受害。另外，排水不良、氮肥过量、植株旺长、组织幼嫩等都易造成此病的流行。

●防治：

科学养管草坪，均衡使用氮磷钾肥，控制草坪的高度和密度，改善通风透光条件。

草坪建植前采用甲基立枯灵、杀毒矾、多菌灵、粉锈灵等，进行药剂拌种或用甲基立枯灵、敌克松等作坪地土壤处理。

清除枯草层，防止草坪积水。

发病期，可用代森锰锌、百菌清、50% 的灭霉灵可湿性粉剂进行喷雾防治，甲基托布津、多菌灵、粉锈宁等均可交替施用。

2. 草坪腐霉枯萎病

又叫绵腐病、絮状疫病，其典型特征是在早晨有露水或大雨过后，草坪病株上离地 2~3cm 处，可见一层绒毛状菌丝，干燥后菌丝消失，叶片枯萎失水后，变成干稻色，形成一个个枯死圈。全国均有发生，可侵染危害

图5.147　高羊茅腐霉枯萎病

多种草坪草。6~9月，高温、空气湿度大，易引发此病（图5.147）。

● 防治：

剪除枯草，加强病区通风透光；适当浇水，抑制草坪草旺长；合理修剪，留茬4~5cm；用70%代森锰锌可湿性粉剂1000倍液或井岗霉素1000倍液喷防。

3. 细叶结缕草锈病

是草坪草常见的主要病害，其对剪股颖属、羊茅属、早熟禾属、结缕草属的草坪草均可感染危害，还会危害鸡矢藤等植物。病害主要发生在叶片、叶鞘上。发病初期，叶片表面产生疱状小点，后渐扩大为圆形或长条形黄绿色病斑，稍有突起。后期病斑则布满全叶，叶表皮唇状开裂，并散露出黄褐色粉状物，此即病原菌之夏孢子。生长季后期，在叶背有时会出现黑褐色条、点状物，即冬孢子堆。此病会导致叶片光合作用降低，叶片黄枯，严重时草坪会出现一片枯黄。

此病是由真菌中的结缕草柄锈菌所致。结缕草柄锈菌有转主寄生性，其以菌丝体或冬孢子堆在受害植株上越冬，翌年产生担孢子侵染鸡矢藤，在鸡矢藤上产生锈孢子，锈孢子藉气流传播到细叶结缕草上危害，并产生夏孢子和冬孢子，而夏孢子又可重复侵染危害。植株过高、过密、氮肥过多、遮荫、土壤板结及生长不良等发病早、发病重。

● 防治：

合理浇水，及时进行草坪修剪，以降低湿度。合理施肥，氮、磷、钾合理搭配施用，及时复壮或进行草坪更新。发病期间，喷施12.5%的特谱唑乳油，或20%的三唑酮乳油1000~1500倍液，连续3~4次，或1000~1500倍15%的粉锈灵可湿性粉剂。

4. 早熟禾草锈病

为草坪草的一种严重病害，主要为害早熟禾草种的叶片，严重时发病率可达90%。

此病主要侵染叶片或叶鞘。初发病时，叶片上散生黄色小疱斑，表皮破裂后露出鲜黄色粉状物，此即病原的夏孢子堆，病斑逐渐扩大成椭圆形或长椭圆形，后期还会产生长椭圆形黑色小疱斑，露出黑褐色粉状物，此即冬孢子堆。严重时，病斑形成一层，叶片变黄，纵卷干枯。此病可通过雨水进行再侵染。5、6月始发病，8~10月为发病盛期（图5.148）。

● 防治：

结合草坪修剪，及时剪除病叶并集中深埋或烧毁，消灭再次侵染之病原。6、7月初侵染期喷施15%粉锈宁可湿性粉剂1000~1500倍液，连同地面一起喷洒。

草坪病虫害的防治，一定要选择适宜的农药种类和剂型，首先确诊草坪病虫种类，选择符合环保要求的高效、低毒、低残留的农药。建议在防治时最好选用矿物性农药，如石硫合剂、机油乳剂、柴油乳剂等；特异性农药，如除虫脲、灭幼脲等；高效低残留农药，如敌百虫、辛硫磷、克螨特、甲霜灵、甲基托布津等。这样，既可防治病虫害，又能保护天敌，保护环境。在不得已时，还可先用中等毒性、低残留的农药，如敌敌畏、乐果、速灭杀丁、天王星等。严禁使用高毒性、高残留农药，如甲拌磷（3911）、1059、苏化203、401、涕灭威（铁灭克）、对硫磷（1605）、甲基1605（甲基对硫磷）、杀螟威、久效磷、甲胺磷、杀虫脒、氧化乐果、磷化锌、磷化铝、三硫磷、氟乙酰安等。

另外，草坪病虫害还有很多天敌，如草蛉、瓢虫、寄生蝇、寄生蜂、蜘蛛、蛙类、鸟类等，应加以保护和利用，选择农药时，应尽量保护天敌不受害，维持草坪生态的平衡。

图5.148　早熟禾草锈病

几种常用药剂易生药害的植物对照表　　　　　　　　　　　　　　　　　　　　　　　　　表5.1

药名	易生药害的植物名称	备　注
乐果	梅、桃、白榆、榔榆、樱花、樱桃、杏、国槐、枣、玳玳、橘、朴、石榴、小叶女贞、海桐、合欢、君迁子、丝棉木	对牛、羊、鸡、鸭毒性大
敌百虫	桃、苹果部分品种、豆类、玉米等	对鱼毒性较小，安全浓度为 2ppm
敌敌畏	桃、苹果部分品种、瓜类、豆类	对鱼、蜜蜂有毒，安全浓度为 0.027ppm
杀螟松	苹果部分品种及十字花科植物	对鱼安全浓度为 0.86ppm
马拉松	樱桃、梨、苹果部分品种	对鱼类剧毒
磷胺	桃	对鱼毒性小
三硫磷	按常规使用均较安全	对青蛙高毒，对鱼有毒
氧化乐果	梅花、桃花、樱花	对人、牛、羊、鸡、鸭毒性大
久效磷	按常规使用均较安全	鸡鸭易中毒，对鱼安全浓度为 0.16ppm
机油乳剂	宜在落叶后，萌发前应用	对人畜安全
松脂合剂	豆类、柿树不宜在夏季使用	对人畜低毒
石硫合剂	桃、梅、李、杏、梨、葡萄、豆类易受药害，夏季 32℃以上，冬季低温 4℃以下均不宜使用	对人畜低毒
波尔多液	葡萄宜用石灰半量或少量式，桃、梅、李、柿较敏感，宜在落叶后，萌发前应用，对梨要在花期前应用	对人畜低毒

几种常用药的配制比例及简易配制方法　　　　　　　　　　　　　　　　　　　　　　　　表5.2

名称	原料及比例	简易方法	注意事项
松脂合剂	松香 1.5kg 石碱 1kg 水 5kg	石碱和水放入锅里煮开溶化后，将磨细的松香慢慢撒入，边撒边搅拌，加完后，继续搅拌并加大火煮，等到黏稠皂化状，即熄灭或将锅移开	（1）宜选用老松香 （2）煮制过程中要用热水，随时补足失去的水分
石灰硫磺合剂	生石灰 0.5kg 硫黄粉 1kg 水 6~7kg	将生石灰放入锅内先用少量水化开，再加水煮开，随即渐渐加入硫黄粉，边加边搅拌，使之不浮在表面，加完后继续搅拌并一直加火，经 30~40 分钟后，视药液由浅黄色变为深褐色即停火，去沉淀物，测定波美度数备用	（1）水，宜用淡水 （2）煮制时间要掌握好，如煮制不妥，药液已带绿发黑时，则不宜再应用
波尔多液	生石灰等量式 0.5kg，倍量式 1kg，半量式 0.25kg 硫酸铜 0.5kg 水 50~100kg	分别用陶器或木制容器，将石灰和硫酸铜分别化开，滤去渣渍，然后同时徐徐倒入第三陶器或木制容器内，边倒边搅拌成为天蓝色的悬浮液	葡萄以石灰少量式为宜，梨以石灰多量式为宜
茶饼水制剂	茶籽饼 0.5kg 水 5~7.5kg	先将茶籽饼粉碎磨细后浸入水内 1~2 天，再用木棒充分搅拌，滤掉渣渍后即可应用	对蛞蝓、蜗牛、蟒蟀、金针虫等地下害虫有良效
白涂剂	石灰 5kg 硫磺 0.5kg 食盐（或牛皮胶）0.5kg 水适量（便于涂刷）	石灰用生石灰或散石灰，如生石灰需化开，再加硫磺粉、食盐，食盐的作用是增加黏附性，使之不易剥落	有防冻、防病虫害的作用，但表皮和幼嫩枝不一定涂刷，主要涂干

药剂的配伍（混用）禁忌表　　　　　　　　　　　　　　　　　　　表5.3

	氧化乐果	敌百虫	敌敌畏	杀螟松	马拉松	磷胺	西维因	速灭威	三硫磷	亚胺硫磷	久效磷	辛硫磷	三氯杀螨砜	鱼藤精	石油乳剂	松脂合剂	石硫合剂	波尔多液	多菌灵	托布津	代森锌
敌百虫	+																				
敌敌畏	+	+																			
杀螟松	+	+	+																		
马拉松	+	+	+	+																	
磷胺	+	+	+	+	+																
西维因	+	+	+	+	+	+															
速灭威	+	+	+	+	+	+	+														
三硫磷	+	+	+	+	+	+	+	+													
亚胺硫磷（已不再生产）	+	+	+	+	+	+	+	+	+												
久效磷	+	+	+	+	+	+	+	+	+	+											
辛硫磷	+	+	+	+	+	+	+	+	+	+	+										
三氯杀螨砜	+	+	+	+	+	+	+	+	+	+	+	+									
鱼藤精	+	+	+	+	+	+	+	+	+	+	+	+	+								
石油乳剂	+	+	+	+	+	+	+	+	+	+	+	+	+	+							
松脂合剂	−	−	−	−	−	−	−	−	−	+	−	−	+	−	−						
石硫合剂	−	−	−	−	−	−	−	−	−	+	−	−	−	−	−	−					
波尔多液	−	−	−	−	−	−	−	−	−	+	+	−	−	−	−	−	−				
多菌灵	+	+	+	+	+	+	+	+	+	+	+	+	+	+	+	−	+	−			
托布津	+	+	+	+	+	+	+	+	+	+	+	+	+	+	+	−	+	−	+		
代森锌	+	+	+	+	+	+	+	+	+	+	+	+	+	+	+	−	+	−	+	+	
代森铵	+	+	+	+	+	+	+	+	+	+	+	+	+	+	+	−	−	+	+	+	+

说明：1. + 为可以配伍混用；
　　　2. − 为混合立即使用；
　　　3. 表中已有个别农药不再生产。

第 六 章

园林绿地的养护管理

园林树木的养护管理工作，必须一年四季不间断地进行，其内容有浇水、排水、松土、除草、施肥、整形修剪、病虫害防治、防自然灾害、防人为破坏、树体的保护与修补、卫生保洁等。本章介绍了不同功能要求的园林植物的养护管理，包括绿篱、花篱、孤植树、庭荫树、行道树、群植树、树林、竹林、各类型垂直绿化（墙体绿化、栅栏绿化、棚架绿化、护坡绿化、阳台绿化、立交桥绿化）、屋顶绿化、古树名木等的养护管理。还阐述了绿地的环境卫生和保洁（水质和水面卫生、卫生设施和保洁、其他园林设施的维护）及管理体制、员工培训、质量监督与检查评比、文物保护等内容。

第一节 园林树木的养护管理

园林树木的养护管理工作，必须一年四季不间断地进行，其内容有浇水、排水、松土除草、施肥、整形修剪、病虫害防治、防自然灾害、防人为损坏、树体的保护与修补、卫生保洁等。（整形修剪和病虫害防治在以上章节已作专门论述，故不在此重复）

一、浇水及树体保湿

园林树木的浇水时期主要根据树木在一年内各个物候期的需水特点、当地气候、土壤内的水分变化规律、不同树木的生物学特性，以及树木栽植时间的长短来决定。

同种植物在一年四季各个物候期中，对水分的需求量是不同的：早春萌芽期需水量不多，枝叶盛长期需水量较多，花芽分化期和开花期需水量较少，结果期需水量较多。根据气候来讲，多雨时可少浇水，干旱时就要及时补充水分。对于不同的树种，需水量也不同，俗话说"旱不死的蜡梅，淹不死的柑橘"就说明了这个道理；一般来说，阴性树种和喜湿树种需水量多，阳性树种和耐旱树种需水量少。

不同栽植年限的树木浇水次数也不同：新栽树一定要连续浇灌 2~3 次，才可提高成活率，以后酌情 7~10 天灌水一次，直到树木扎根较深后，即使不浇水也能正常生长时为止；对于定植多年，正常生长开花的树木，一般情况下不再进行人工浇水，但是遇到大旱之年，也要及时补充水分。

判断树木是否缺水，比较科学的方法是进行土壤含水量测定，但受条件限制，一般园林工人可凭多年的经验来观察：如早晨看树叶上翘或下垂，中午看叶片萎蔫与否及其程度轻重，傍晚看恢复的快慢程度等。还有观察落叶现象，一般认为落青叶是缺水，落黄叶是水分过多。

1. 浇水次数

浇水次数因树木种类、天气情况、栽植地区和当地土质的不同而异。新栽树木，要根据实际情况及时浇水。沙地容易漏水，保水力差，灌水次数应当增加。黏重的土壤保水力强，灌水次数和灌水量应当减少，并施入有机肥和河沙，增加其通透性。

2. 浇水量

耐干旱的种类浇水可少些，反之则多些。浇水要做到浇透水，切忌仅浇表层水，浇水应渗透到 80~100cm 深处，因植物的根系有向水性，浇浅层水使根系分布在表层，造成树木不耐旱、不抗风。

3. 浇水方法

（1）盘灌：即向定植盘内灌水，灌水前要做到土壤疏松，做好树坑子，灌水后用干土覆盖，减少水分蒸发。好处是省水、经济。夏季应于早晚进行灌溉，冬季可于中午前后进行。

（2）滴灌：将一定粗度的水管安装在土壤中或植株根部，使水一滴一滴地注入根系分布范围。好处是省水、省工、省时，但一次性投入较大。

4. 树体保湿

主要方法一是包裹树干。为了保持树干湿度，减少树皮水分蒸发，可用浸湿的草绳从树干基部缠绕至分枝点，以后时常向树干喷水，使草绳始终处于湿润状态。二是架设荫棚。必要时，在树体的三个方向（留出西北方，便于进行光合作用）和顶部架设荫棚，荫棚的上方及四周与树冠保持 50cm 左右的距离，既避免了阳光直射和树皮灼伤，又保持了棚内的空气流动以及水分、养分的供需平衡。为不影响树木的光合作用，荫棚可采用 70% 的遮阳网。10 月份以后，天气逐渐转凉，应适时拆除荫棚。搭设荫棚是生长季节移栽大树最有效的树体保湿和保活措施。三是树冠喷水。移栽后如遇晴天，用高压喷雾器对树体实施喷水，每天喷水 2~3 次，一周后，每天喷水一次，连喷 15 天即可。对名优和特大树木，可每天早晚向树木喷水一次，以增湿降温。为防止喷水时造成移植穴土壤含水量过高，应在树盘上覆盖塑料薄膜。四是喷抑制剂。北京市园林科研所及上海园林绿化建设有限公司均生产可用于园林植物移植的蒸腾抑制剂，市面上也有其他厂家的同类产品出售。此外，农业上常用的抗旱剂（如"旱地龙"等）也具有抑制植物蒸腾的功效（图 6.1~ 图 6.4）。

地面覆盖主要是减缓地表蒸发，防止土壤板结，以利通风透气。通常采用麦秸、稻草、锯末、地膜等覆盖树盘。

图6.1 珍珠泉新栽香樟行道树卷干保湿

图6.2　总统府新栽香樟大树卷干保湿

图6.3　小桃园新栽树木卷干保湿

图6.4　江宁天印湖广场新栽树木卷干保湿

二、排水

土壤出现积水时，若不及时排出，对植株生长会产生严重影响。土壤积水过多时，严重缺氧，此时根系只能进行无氧呼吸，会产生和积累大量酒精，使根系因细胞蛋白质凝固而死亡。特别是对耐水力差的树种更应及时排水。

排水方法：

1. 地表径流

将地面做成一定的坡度，保证雨水能从地面顺畅地流到河、湖、下水道而排走。这是绿地最常用的排涝方法，既节省费用又不留痕迹。地面坡度一般掌握在0.1%~0.3%，不要留下坑洼死角。

2. 明沟排水

在地表挖明沟将低洼处的积水引到出水处。此法适用于大雨后抢排积水，或地势高低不平不易实现地表径流的绿地。明沟宽窄视水情而定，沟底坡度一般以0.2%~0.5%为宜。

3. 暗沟排水

在地下埋设管道或砌筑暗沟将低洼处的积水引出。此法可保持地面整齐，便利交通，节约用地，但造价较高。

三、松土除草、清除杂树

松土是指采用人工方法促使土壤表层松动，从而增加土壤透气性，提高地温，促进肥料的分解，有利于根系生长。松土还可以切断土壤表层的毛细管，增加孔隙度，以减少水分蒸发和增加土壤透水性，俗话说"锄头底下有水"，松土又称为不浇水的灌溉。

松土深度依照植物种类及树龄而定，浅根性的树木松土深度宜浅，深根性的则宜深，一般为5cm以上，若结合施肥则可加深深度。

松土宜在晴天，或雨后2~3天进行。松土次数一年内至少1~2次。夏季松土同时结合除草一举两得，但宜浅些；秋后松土宜深些，可结合施肥进行。

除草要本着"除早、除小、除了"的原则。杂草种类繁多，不是一次可

除尽的，生长季每月要除草1~2次，切勿让杂草结籽，否则来年又会大量滋生。

风景林或片林内以及自然景观斜坡上的杂草，能自然覆盖土地，使黄土不见天，防止水土流失，可以不清除，但要进行适当修剪，使其高度控制在10~15cm之间，保持整齐美观即可。

人工除草是一项繁重的工作，用化学除草剂除草比较方便、经济、除净率高。除草剂有灭生性和内吸性两类。灭生性除草剂能杀死所有杂草，如草甘膦。内吸性除草剂有2.4-D等，往往只杀死双子叶植物，对单子叶植物杂草无效。除草剂应在晴天喷洒。

此外，对一些自生的杂树，如构树、棕榈、香樟等要的情清除或保留，对一些爬在景观植物上的藤蔓要及时清除，以免影响景观植物的正常生长（图6.5~图6.7）。

四、施肥

树木定植后，在栽植地点生长多年甚至上千年，将长期从一个固定地

图6.5　藤蔓植物爬在海桐球上，未及时清除

图6.6　瓜藤爬在绿篱上，未及时清除

图6.7　长在观赏树上的藤蔓植物未及时清除

点靠根系从土壤中吸收水分与无机养料，以供正常生长的需要。由于树根所能伸及的范围内，土壤所含的营养元素是有限的，时间长了，土壤的养分就会减低，不能满足树木继续生长的需要，若不能及时得到补充，势必造成树木营养不良，影响正常生长发育，甚至衰弱死亡。园林树木不能像森林那样与土壤之间进行肥力的自然大循环，为了确保树木生长茂盛，树木在定植后的一生中，都要不断给予养分的补充，改良土壤性质，提高土壤肥力，以满足其生长的需要。这种人工补充养分或提高土壤肥力，以满足植物生长需要的措施，称为施肥。

施肥对改善树木生长状况效果明显，对延长树木的寿命、减少历年死株补植更新的大量投资、改善城市绿化景观、提高城市绿化的生态效益有积极的作用。

1. 施肥的时期

休眠期施基肥，在冬季落叶后至春季萌芽前，施用堆肥、厩肥等有机肥料，使其冬季熟化分解成可吸收利用的状态，供春季树木生长时利用。

生长期内可用追肥形式施速效性的肥料，以继续促进生长量，在一定程度上弥补基肥不足造成的影响。

2. 施肥方法

1）施基肥的常用方法

（1）环状沟施肥法

冬季树木休眠期，在树冠投影圈的外缘，挖 30~40cm 宽的环状沟，沟深依树种、树龄、根系分布深度及土壤质地而定，一般沟深 20~50cm，将肥料均匀撒在沟内，然后填土平沟。此法施肥的优点是，肥料与树木的根系接近，易被根系吸收利用。缺点是受肥面积小，挖沟时会损伤部分根系。

（2）放射状沟施肥法

以树干为中心，向外挖 4~6 条渐远渐深的沟，沟长稍超出树冠正投影线外缘，将肥料施入沟内覆土踏实。这种方法伤根少，树冠投影圈内的内膛根也能着肥。

（3）穴施

在树冠正投影线的范围内，挖掘单个的洞穴，将肥施入后，上面覆土踏实与地面平。此法操作简便省工。

2）施追肥的常用方法

（1）根施法

按规定的施肥量用穴施法把肥料埋于地表下 10cm 处，或结合灌水将肥料施于灌水堰内，由树根吸收利用。

（2）根外施肥

按肥料规定的稀释比例（一般为 0.1%~0.3%），将肥料兑水稀释后用喷雾器喷施于树叶上，由地上部分（通过气孔和角质层吸收）直接吸收利用，也可以结合除虫打药混合喷施。但叶面喷肥必须掌握树木吸收的内外因素，才能充分发挥叶面喷肥的效果。根外追肥要严格掌握浓度，否则会烧伤叶片。一般喷前先做小型试验，然后再大面积喷施。喷施时间最好在上午 10 时以前和下午 4 时以后，以免气温高，溶液很快浓缩，影响喷肥效果和导致肥害。

3. 施肥注意事项

1）要选晴天且土壤干燥时施肥，施肥结合灌溉，易被充分吸收利用，雨天进行施肥易造成养分损失。

2）施用的有机肥料必须充分腐熟，并用水稀释后施用，以免烧伤根系。

3）在树木生长季的后期要及时停止施肥，以免当年生的枝条来不及木质化，一般应在 8 月底至 9 月初停止施肥。

4）施肥的次数因树而异，花灌木除每年施基肥一次外，花前花后可施追肥 1~2 次。

五、防自然灾害和人为损坏

对于各种自然灾害的防治，要贯彻"预防为主，综合防治"的方针，合理地选择树种并进行科学的配置。自然灾害的种类非常多，常见的有冻害、霜害、日灼、风害、雷击等（图6.8~图6.11）。

图6.8　芭蕉冬季裹干防寒

图6.9　因雷击树干受伤的香樟树

图6.10　加拿利海枣防寒保暖

1. 低温危害
1）冻害

冻害是指气温降至0℃以下，树木组织内部结冰所引起的伤害。树木冻害的部位、程度及受害状依树种、树龄大小和具体的环境条件而异。

图6.11　受雷击劈伤的榔榆古树

2）霜害

霜害是由于气温急剧下降至0℃或0℃以下，空气中的过饱和水汽与树体表面接触，凝结成霜，使幼嫩组织或器官受害。霜害一般发生在生长期内。霜冻可分为早霜和晚霜。秋末的霜冻叫早霜，春季的霜冻叫晚霜。选用抗寒的树种、品种和砧木是避免低温危害最有效的措施。

3）雪害

冬季降雪时，常因树冠积雪而折断树枝或压倒植株，尤以枝叶密集的常绿树如香樟、广玉兰、雪松、龙柏、桧柏、大叶女贞、竹，受害最严重。因此在降雪时，对树冠易于积雪的树木，要及时用竹竿、扫把振落树冠上过多的积雪，或者打开消防笼头用水冲击，防止树木遭受雪害，将损失降到最低限度。对已结冰的枝条，不能敲打，可任其不动。结冰过重，可用竿支撑，待化冻后再拆除支架。雪后对被雪压倒的树木要及时扶起，清除断枝、疏通道路。

城市园林及风景名胜区管理单位要及时对景区内道路采取除雪防滑措施，防止发生人身伤亡事故。古树名木需要引起高度的关注，要及时将枝条上面的积雪打掉。同时，要特别警惕使用融雪剂对绿化的危害，要在马路边沿加挡板，或对绿地进行覆盖，不让混有融雪剂的雪进入绿地。如果绿地中已经有了含融雪剂的雪，要把表层的雪立刻清除。对于无法清除的，待化冻后立即用大水冲。加拿利海枣、银海枣、老人棕、金合欢等南方树种易受低温危害；乡土树种由于长期适应当地气候，具有较强的抗寒性。通常在背风向阳，小气候条件较好的环境中，气温相差3~5℃，因此对不耐寒的树木花卉应有针对性地选择栽植位置。对一些低矮的植物可以全株培土，如美人蕉等，较高大的可在根颈处培土，一般培土高度为30cm，培土可以减轻根系和根颈处的低温危害。如果培土后用稻草、草包、腐叶土、泥炭、锯木屑等保湿性能好的材料覆盖根区，效果更好。南京地区对从南方引进的一些棕榈科植物——如苏铁、芭蕉等——可用草绳、薄膜等包扎防寒（图6.12~图6.20）。

图6.12 被雪压倒的大树龙柏

图6.13 被雪压倒的大树桧柏

图6.14 被雪压倒的古树龙柏

图6.15 受雪灾危害的桧柏

图6.16 受雪灾危害的桧柏

图6.17 因冰雪受冻的法青

图6.18 受雪灾危害的雪松

图6.19 受雪灾危害的龙柏

图6.20 受雪灾危害的丛生竹

2. 日灼危害

日灼是指强烈的阳光灼伤树体表面或干扰树木正常生长而造成伤害的现象。

高温和冬季冻融交替而引起灼伤植物体的组织和器官，一般情况是皮层组织或器官溃伤、干枯，引起局部组织死亡，枝条表面被破坏，出现开裂，甚至死亡；果实出现裂果，甚至干枯。

通常苗木和幼树常发生根颈部形成层灼伤，根颈灼伤呈环状。成年树和大树，日灼常在树干上发生，使形成层和树皮组织坏死，破坏了部分输导组织，影响树木生长。灼伤也可能发生在树叶上，使嫩叶、嫩梢烧焦变褐。不同树种抗高温能力不同，二球悬铃木、樱花、合欢、泡桐、樟树等易遭皮灼；槭属、山茶、桃叶珊瑚的叶片易遭灼害。

预防高温危害的措施：选择抗性强、耐高温的树种和品种；加强水分管理，促进根系生长，提高吸水能力；树干涂白；用稻草捆缚树干等。

3. 风害

大风使树木出现风折、风倒和树权劈裂的现象，称风害。

树木抗风性的强弱与它的生物学特性有关。主根浅、主干高、树冠大、枝叶密的树种，抗风性弱。一些主干已遭虫蛀或有创伤的树木，易遭风害。在风口和地势高的地方风害严重。新植的树木和移植的大树，在根系未扎牢前，易遭风害。

预防风害的措施：一是在易遭风害的风口、风道处，选择抗风强的树种，最好选用较矮的植株。二是在暴风、台风来临之前，可将树冠酌情修剪，减少受风面积。三是设立支柱或加固原有支柱；在大风之后，对被风刮歪的树木应及时扶正夯实。四是对被风刮歪的树木或连根拔起的树木应及时重新栽种或送苗圃养护，来年重新补种，不要轻易砍伐。五是台风吹袭期间，迅速清理倒树断枝，疏通道路，使绿化景观尽快恢复（图6.21～图6.25）。

4. 防人为损坏

对树木花草要防止人、畜、车辆碰撞等损坏。要教育市民不要摇树、爬树、剥树皮，不要用刀刻伤树木。不要在树上晾晒衣被和乱钉、乱挂，不要在树上架设电线电缆和照明设备，不要穿行绿地和践踏草坪地被，不要在树下倒热水、污水及有毒水，不要随意修剪树枝和砍伐树木，不要乱采花果。严禁在离树干1m范围内埋设影响树木生长的各类管线。

做到绿地不被侵占，花草树木不受破坏，无乱摆乱卖、乱停乱放现象。

对任何侵占和破坏行为要加以制止并及时报告绿化管理部门。

加强监管，绿地内不堆放杂物和停放自行车、机动车，没有人力车和机动车驶进草地，没有在草地上踢球等损害花草树木的活动，没有在树木

图6.21　歪倒的竹子或去除，或扶正

图6.22　歪倒的行道树银杏应扶正

图6.23　被台风刮歪的竹子应立支撑

图6.24　被风刮歪的竹子要扶正

图6.25　为被台风刮倒的树木立支撑

上挂标语、晾衣服等现象。禁止宠物进入绿地损害树木、影响卫生等。

六、树体的保护与修补

为了防止园林树木受人、畜、机动车的碰撞及病虫害、冻害、日灼等危害而造成树体（特别是树木的树干和骨干枝）的损伤及其他伤害，要采取必要的措施对树木进行保护并修补伤口。对这些伤口如不及时保护、治疗、修补，经过长期雨水侵蚀和病菌寄生，易使内部腐烂形成树洞。另外，树木经常受到人为的有意无意的损坏，如树盘内的土壤被长期践踏变得很坚实，或者树干基部留穴太小，铺装过多，在树干上刻字留念或拉枝折枝等，

图6.26 树池太窄，树下树盘太小，影响树木生长

图6.28 海桐球上的蜘蛛网未及时清扫

图6.30 积善广场护栏

图6.29 紫竹林上的蜘蛛网严重影响景观

图6.31 江宁文化休闲广场树木护栏

图6.27 树盘太小，铺装过多，影响树木生长

图6.32 苏州拙政园矮竹篱护栏

所有这些对树木的生长都有很大影响。因此，有必要对园林树木进行保护与修补。树体保护应贯彻"防重于治"的方针，做好各方面的预防工作，尽量防止各种灾害的发生。还要做好宣传教育工作，使人们认识到，保护树木人人有责。对树体上已经造成的伤口，应该早治，防止扩大。应根据树干上伤口的部位、轻重和特点，采取不同的治疗方法和修补措施（图6.26、图6.27）。

1. 树体的保护

1）洗尘

由于空气污染、地面尘土飞扬等原因，园林树木的枝叶上常常会蒙上许多烟尘。烟尘过多，会影响树木的光合作用和呼吸作用，从而影响到树木的生长发育。因此，在无雨和少雨的季节，对一些烟尘和灰尘污染严重的地区，应定期对树木枝条和叶片进行喷水清洗（夏秋酷热天，喷水宜在早晨或傍晚进行）。

某些树木上常会出现蜘蛛网，影响园景园容的整洁和美观，清扫人员应及时清除（图6.28、图6.29）。

2）围护、隔离

园林植物的生长喜欢土质疏松、透气良好的土壤环境。城市园林绿地土壤因长期受游人践踏，土壤常板结严重，妨碍树木的正常生长，引起树木早衰；特别是根系较浅的乔灌木和一些常绿树种，受到的影响更为明显。一些体量较小的花木容易被人和车辆践踏、碾压致死，对这类树木改善通气条件后，在不影响行人或游人行走且不妨碍观赏视线的前提下，可在树木四周用围篱或围栏加以防护。为突出主要景观，围篱或围栏的高度要适宜，造型和花色宜简朴，以不喧宾夺主为佳（图6.30~图6.32）。

3）看管巡查

为了使树木免遭人为破坏，一些重点绿地应安排专人进行看管和巡视。一是要向市民宣传保护绿化的条例；二是一旦发现有人破坏要及时制止并向有关执法部门报告。

按照《南京市城市绿化管理条例》规定，任何单位和个人不得有下列损坏城市绿化及其设施的行为：

（1）在风景名胜区、公园内开山采石、毁林种植、围湖造田、放牧狩猎、葬坟立碑、砍竹挖笋、砍伐树木。

（2）在草坪、花坛、绿地内堆放杂物、掘挖、损毁花木。

（3）在树木上刻画、钉钉、缠绕

绳索、架设电线电缆和照明设施。

（4）在绿地内擅自采花摘果、采收种条、挖采中草药、挖采野生种苗。

（5）在绿地内擅自搭建建筑物、构筑物，围圈树木，设置广告牌。

（6）在离树干1m范围内埋设影响树木生长的排水、供水、供气、电缆等各种管线。

（7）向城市公共绿地扔倒生活垃圾、建筑垃圾等废弃物。

（8）其他损坏城市绿化及其设施的行为。

要保护好绿地内的花草树木，保持绿地的完整。经批准临时占用的绿地，应按时收回，并监督其恢复原状。

加强监管，严禁绿地内停放与绿化作业无关的一切车辆；严禁在绿地植物上贴挂标语、晾晒衣物等。

图6.33 栽植的丝兰被踩损

应保证围栏、护网、绿化供水及观赏、游艺等设施的完整美观，防止绿化用水等被盗用。对已损坏的园林设施，要及时修补或更换（图6.33、图6.34）。

2. 树体伤口的治疗与修补

1）材料和工具的准备

常用的有：锋利的刀片、榔头、刮刀、凿子、刷子、铲刀、消毒药剂、铅油或接蜡、激素涂剂、麻绳、手锯、木板条、油灰和麻刀灰、电镀铁钉、水泥和小石砾、木桩（或金属柱、钢筋混凝土柱）、托杆等。

2）操作步骤与要点

（1）先用酒精消过毒的锋利的刀刮干净和削平枝干上病、虫、冻害、日灼造成的伤口的四周，使皮层边缘里呈弧形。

（2）用药剂（2%~5%硫酸铜液，或0.1%的升汞溶液，或石硫合剂原液）消毒。

（3）对修剪造成的伤口，应将伤口削平，然后涂以保护剂，如铅油、接蜡等均可。大量应用时也可用黏土和鲜牛粪加少量的石硫合剂的混合物作为涂抹剂。采用激素涂剂对伤口的愈合更有利，用含有0.01%~0.1%的萘乙酸膏涂在伤口表面，可促进伤口

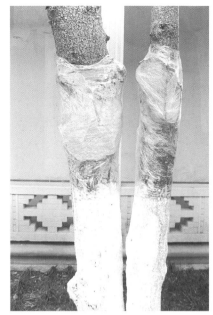

图6.35 法青树干上的瘿瘤切除后，用杀菌剂涂抹，用保鲜膜包贴

愈合（图6.35）。

（4）由于风折使树木枝干折裂，应立即用绳索捆缚加固，然后进行消毒并涂保护剂。当枝干比较粗大时，有的绿化养护部门用两个半弧圈构成的铁箍加固，为了防止摩擦树皮，用棕麻绕垫，用螺栓连接，以便随着干径的增粗而放松。由于雷击导致枝干受伤的树木，应将烧伤部位锯除，并涂保护剂（图6.36）。

图6.34 小桃园内保护绿地的宣传牌

图6.36 用半圆弧构成的铁箍加固树木

（5）皮层创伤可用贴皮治疗

①按贴多用于树皮与木质部分离或分离未脱落的轻伤口。处理此类伤口时，可将树皮与伤口复位对准按贴上去，用麻绳或塑料绳绑紧。

②粘贴多用于树皮脱落、木质部裸露的重伤口。处理此类伤口时，应将脱落的树皮捡起来，把黏附在韧皮部的脏物擦干净，对准伤口位置粘贴上去，贴严贴实。要边粘贴边缠绑，使树皮与伤口紧密结合。

③补贴也叫移植补，多用于树皮破碎、韧皮部破损严重，不便于粘贴或粘贴后也难以愈合的较重伤口。处理方法是：在不影响树木生长的前提下，根据树木伤口面积的大小，从创伤树本身（或其同种树上）的其他部位（如大枝上）取皮，将其伤口修整后进行补贴（树皮与伤口要吻合）。同时，对取皮的伤口要及时用塑料薄膜包扎起来，让其自行愈合。

治疗时，如遇树干不圆，捆紧伤口有困难时，可在要粘贴的树皮外夹垫一些碎木片。为了避免伤口处的水分过多地蒸发和防止雨水渗入，缠绑后要用塑料薄膜把伤口包扎严实。这样处理后，幼龄树及伤害较轻的伤口，20 天左右即可愈合；中龄树及伤害较重的伤口，愈合时间稍长一些，约 1 个月（休眠季节时间更长一些）。树木伤口一经愈合，要立即松绑，促使树干健壮生长。

3. 树洞修补

树木受病虫害和风雨侵蚀会产生树洞，有的外面树皮很好，里面木质部已枯，形成中空，如果不及时把树洞修补好，会造成树干被风刮断，严重时会伤及游人。

清理修补树洞的方法是：尽量保护洞口附近的愈伤组织，清除洞内的朽木和虫屎后，涂刷 5% 的硫酸铜溶液或石硫合剂的原液消毒，再涂刷防腐的桐油。

树洞洞口向上或洞口过大，可改变洞穴的形状或打洞安装管道以利排

水，引流管安装在树洞底部，引流管用内径 1cm 的铜管为好。

以前填充树洞大多用碎砖头、水泥和石灰，洞口容易产生裂缝，水经裂缝会渗入洞内，砖头吸水后，会加速树体的腐烂（图6.37、图6.38）。

2009 年 10 月，中国花卉报曾报导，经上海的古树专家研究得出结论：采取补树洞方法的比不补的烂得更快。树洞不补保持开放状态，如果保护措施合理，洞内通风透气，即便积些雨水也会很快风干。而看上去补得很严密的树洞内依然会有水进入，越往洞里边，积水越多，烂得越重。因此现在已明确提倡不要修补古树树洞，而应定期清理树洞，保持古树树洞特有的原始景观风貌（图6.39）。

图6.37　法桐树洞修补不雅观

图6.38　法桐树洞修补不雅观

4. 吊枝和设立支撑

吊枝主要在果树上或植物造型上采用。树木移植完毕后必须及时进行树体固定，即设立支柱支撑，以防因地面土层湿软遭风袭导致歪斜、倾倒，同时有利于根系生长。一般大树采用三柱支架三角形支撑固定法，以确保大树稳固。通常在一年后根系恢复良好时可以撤除支架。

1）可采用木桩、金属柱、钢筋混凝土等材料作支柱，支柱应带有坚固的基础（图6.40～图6.42）。

2）将支柱上端与倾斜不稳的树身和下垂的大枝干连接，连接处应有适当形状的托杆和托碗，并加软垫，以免损害树皮（图6.43）。

3）设支柱时一定要考虑到美观和与周围环境的协调。可将支撑物漆成绿色，也可根据大枝下垂的姿态，将支撑物做成棚架式（图6.44、图6.45）。

4）将主干用铁索、绳索、竹竿、树棍连接起来，也是一种有效的加固办法（图6.41）。

七、伐挖死树

对那些已不能挽救、也没有保留价值的树木，在尚未完全死亡前，调

图6.39　未修补的树洞

图6.40 给新栽树木设立支撑

图6.41 江宁天印湖广场的竹林采用树棍固定

图6.42 用钢架固定的雪松

图6.43 给水池边倾斜的柳树设支撑

图6.44 防止大雪松树倒伏用的钢架支撑

图6.45 东南大学古树"六朝松"的支柱

查发生这一现象的原因，并尽早伐除。这样可避免死树对行人、交通、建筑、电线及其他设施带来危害，减少病虫潜伏与蔓延，增加可利用的木材。

树木砍伐前应先调查其死亡原因，了解其四周环境，仔细分析砍伐过程中对建筑、电线、交通、行人可能造成的影响。并经申报批准，才可伐除。对街道、居民区人口密集的地方进行树木伐除，应有专人指导，按符合安全的程序（如先锯枝，后砍干）和措施（如吊枝落地）进行。伐后应对残留的树桩挖掘清理，并填平地面。

1. 登高操作要求

1）砍伐前由技术人员或有经验的技工到工地检查树身，了解树木附近建筑物、地上管线及其他设施的情况，研究砍伐办法。对砍伐难度大或工程较大者，应会同有关人员共同研究决定。如果树木已经腐朽，人员不能上树操作时，必须使用登高修剪车。登高修剪车无法靠近作业时，应考虑搭设脚手架后再进行操作，确保安全。

2）准备所需要的工具及安全设备，派专人认真进行安全检查。如修剪车运转是否正常、登梯有无损坏、使用油锯是否符合安全操作规程、绳索是否完整坚韧、斧柄是否牢靠、是否携带各种必需的外伤药品等。

3）妨碍施工的设施,可以移动的,应事先移动或迁移。附近有高压线时,必须与电力部门协作,必要时请电力部门派人到现场共同操作,一定要在确保停电后再进行操作。

4）根据树木情况确定安全操作范围,用绳围护或设置危险标志,专人佩戴袖章或手执红旗负责纠察,以保证行人和车辆的安全。

5）上树要穿合身的工作服,袖口要扎紧,扣好纽扣,穿好鞋子,戴好安全帽,不得穿皮鞋、皮底鞋或塑料鞋上树,上树时登梯靠树必须有适当的斜度(70°左右),梯脚用麻布包住以防外滑并派专人扶梯,上树的人由班长指定,所用工具应放在安全袋内。

6）操作前必须拴好安全带和安全绳,拴安全绳和站立的树枝应选择健壮牢靠的枝干,安全吊绳必须挂在操作者上方,禁止挂在下方。如需在树上移动操作位置,应事先详细检查所要攀登的树枝是否健壮,其受力是否牢靠,并绑好安全带或吊绳后方能操作。

7）锯、斧等工具必须用绳由地面传递上树,使用完毕应绑好并徐徐吊落,不得抛丢。

8）同一株树,树上与树下不得同时进行操作,必要时应在树上操作范围以外的安全地带操作。地面工作人员一律要戴安全帽,集中精神与树上操作人员紧密配合,安全施工,不得做其他工作。

9）大风、下雨及雨后树滑一律禁止上树,紧急情况必须砍伐时,应采取有效的安全措施。

10）登高操作人员必须身体健康、灵活机智,禁止酒后上树,禁止在树上操作时吸烟。

2. 倒伐操作要求

1）按当时地形、架空线路及其障碍物和树木倾斜情况,准确决定树木倒向,同时还要注意树冠的重心偏向以及考虑树木在倒下的过程中树冠

有可能会发生扭转而偏离预定的倾倒方向,要做到预测准确,以免发生灾害性后果。

2）若树冠与树木倾斜方向有建筑物、架空线及其他设施时应谨慎分段砍伐,保证安全。

3）树木倒伏方向确定后,应先按树木的高度、冠幅估计倒伏方向、位置、范围、空间是否满足要求,若不满足则需要采取分段截断,最后伐倒的方法解决,做到安全倒伐。

4）前马口是确定树木倒向的关键,砍伐时确定前马口必须准确。马口深度一般为树干基部直径的五分之二,用斧砍出斜口然后从相反方向锯后马口(锯线与前马口平行),使树倒向前马口方向。

5）若树木根部部分腐烂,倒伐时则锯线不应锯尽,而应保留3~4cm不锯断,然后用绳索拉倒,以免发生危险。

6）连根倒的树木应先挖断一方的树根,然后从对方挖倒,禁止同时在四方挖根。

7）锯树或挖根前,应在树上选择一适当位置用大绳拴好,待树将倒下时用人力拉扯,以固定其倒向。

8）砍倒树木时,应先将工具放置安全处并由指挥人员发出信号,所有工作人员必须全部离开危险地带,在确保树木倒下区域内无任何人员、车辆、缆线、工具后,才可把树木伐倒下来。

9）树倒以后合理留材,分段锯断运走或堆放好,所有树枝必须清理干净,以免妨碍交通。

八、树木输液

1. 树木输液的作用

1）在新移栽的苗木上应用,可促进其发新根,萌发新芽,提高成活率。

2）对长势差的树木以及需要复壮、养护的古树名木进行输液,可以提高其活力,促进其及早恢复树势。

3）掺入杀菌剂、杀虫剂等药物,可更好地预防和防治各种病虫害。

4）为树体补充各种营养成分以及微量元素,以便预防和治疗因树体

衰弱或缺乏某种元素引起的黄化、小叶皱缩、焦叶等症状。

5）对于缺水的苗木,可以采用输液的方式进行补充,满足树体所需要的水分及养分。

输液是一种比较好的促进成活和恢复树势的技术措施,但一定要在树势衰弱的初期进行,过晚树木反应较慢甚至起不到应有的作用。树木休眠期则不宜使用。

2. 常用方法

1）挂液瓶注射:这种方法适合于树干直径5cm以上的苗木。将树干注射器针头拧入或者插入输液洞孔中,把输液瓶倒挂于高处,拉直输液管,打开开关,调节好液体的流动速度,输入药物,当无药液输入时即关上开关,拔出针头,用胶布封住孔口(以备下次使用)。

2）插液瓶注射:该法适用于树干直径10cm以上的高大树木。具体方法是在树干上钻一个孔,将自动输液器装上药物后直接斜插入孔中,旋转塞紧(密封要求较严),然后在药瓶尾部用针扎一个细小的孔,使液体通过斜插在树干上的树干自动输液器缓慢地进入树体内。该方法的缺点是营养液易氧化变质(见插图)。

3）喷雾器压输:将喷雾器配液,

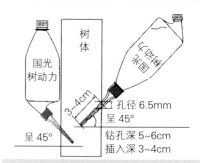

插图　插瓶两用示意图
用法用量:

1. 呈45°角钻孔,孔深5~6cm,孔径6.5mm。

2. 旋下其中一个瓶盖,刺破封口,换上插头,旋紧后将插头紧插在孔中,然后旋下另外一个瓶盖,刺破封口后旋上(调节松紧控制流速)。一般情况下,胸径8~10cm插1瓶,胸径大于10cm的大树一般插2~4瓶,尽量插在树干上部(插在主干和一级主枝分叉处下方,也可在每根一级主枝上插1瓶)。首次用完后的加液量一般应根据树体需求和恢复情况决定。

喷管头安装锥形空心插头，并将它插紧于输液洞孔中，拉动手柄打气加压，打开开关即可输液，当手柄打气费力时即可停止输液，并封好孔口。

根据树干的粗度，选择孔数及孔的位置。如直径 10cm 可选用 1~2 个钻孔，直径 20cm 增至 3~4 个钻孔，直径 30cm 以上选择 6~8 个钻孔等。

输液孔的位置贴近地表或者距离地面 0.2~1.5m 左右。树势弱就选择离地表较近的注孔。要求注孔的水平分布均匀，垂直分布相互错开。角度以孔口向上与树干呈 30°～45° 夹角，深度也要根据苗木的规格，尽量深但不宜超过髓心部。

输液药剂的配制宜用净水为溶液，为了增加水的活性，可以使用磁化水或冷开水。其基本药物可以分为以下几类。

（1）微量促进生根激素加磷钾矿质元素：这种配比是为了促进根系的生长，激发树体内原生质的活力以促进生根和发芽，从而促进树木整体生活力的恢复。适用于移栽后未生新根以及根系不良的苗木，疗效显著。如每千克水中可溶入 ABT5 号或 ABT6 号生根粉 0.1g，磷酸二氢钾 0.5g。

（2）适量的肥料：用来增强树木的生长势而促进树木生长。这是一种比叶面追肥更高效补充营养的方法。注意在生长前期使用的是氮肥，生长后期是磷、钾肥。正常生长的苗木最好不要采用输液法来补肥。

（3）适量的农药：用于树木的病虫害防治。杀虫剂可选择内吸性的甲胺磷、久效磷、氧化乐果等农药。杀菌剂选择内吸性的药物，如甲霜灵、甲基托布津、杀毒矾等、还可以应用其他的激素及肥料和农药，还可以混合使用，达到多种、高效的的作用。

给树木输液的方法是缓解树势的一种临时补救措施，连年使用易使木质部受损，影响树体对养分的正常吸收和运输，因此，不宜长期使用，也

不宜使用单一的药物。

在有冰冻的天气中不宜输液，以免树木受冻害。夏秋高温季节，超过 30℃ 以上时，注射用药应稀释 3~5 倍后注入，以免损伤树体甚至起抑制作用。

输完液后，用棉花团塞住输液孔，若需要再次输液时，拔出棉花团即可。

第二节 不同功能要求园林植物的养护管理

一、绿篱、花篱养护技术要求

绿篱、花篱植物应做到无缺株，无枯死株和无枯叶残花。修剪必须保持平整，直线处正直，曲线处弧度圆润（自然式绿篱修剪保持自然丰满）。并做到植株生长健壮，规格大小基本一致，无明显有害生物危害状，无杂草，无垃圾（图6.46~ 图6.51）。

二、孤植树的养护管理要点

孤植树又称为孤赏树、赏形树或独植树。主要表现树木的体形美，可以独立成为景物供观赏用。适宜做独赏树的树种，一般需树木高大雄伟，树形优美，具有特色，且寿命较长，可以是常绿树，也可以是落叶树；通

图6.46 绿篱缺株多

图6.47 毛鹃花篱中有缺损

图6.48 绿篱有缺口

图6.49 银边黄杨绿篱中缺株多

图6.50 绿篱中缺株多

图6.51 栀子花花篱严重缺损

常又选用具有美丽的花、果、树皮或叶色的种类。

一般采取单独种植的方式，但也偶有用2~3株合栽成一个整体树冠的。

定植的地点以在大草坪上最佳，或植于广场中心、道路交叉口或坡路转角处。在独赏树的周围应有开阔的空间，最佳的位置是以草坪为基底，以天空为背景的地段。

适于做独赏树的树冠应开阔宽大，呈圆锥形、尖塔形、垂枝形、圆柱形等。

常用的种类有松、柏、银杏、玉兰、国槐、垂柳、樟树、朴树、枫树、栎类等。

除了进行正常的养护管理工作以外，应注意保持自然树冠的完整；注意树冠下的土面不可践踏过实。如属纪念树或古树名木应竖立说明牌，在人流过多处应在树干周围留出保护距离，其范围大小视树种、根盘及树冠的直径而定。

三、庭荫树的养护管理要点

庭荫树又称绿荫树，主要以能形成绿荫供游人纳凉避免日光曝晒和装饰美化用。

在园林中多植于路旁、池边、廊、亭前后或与山石、建筑相配，或在局部小景区三、五成组的散植各处，形成有自然之趣的布置；亦可在规整的有轴线布局的地段进行规则式配置。由于常用于建筑形式的庭院中，故习称庭荫树。

庭荫树自字面上看似乎以有荫为主，但在选择树种时却是以观赏效果为主结合遮荫的功能来考虑。许多具有观花、观果、观叶的乔木均可作为庭荫树。

在庭院中最好勿用过多的常绿庭荫树，否则易致终年阴暗有抑郁之感，距建筑物窗前亦不宜过近以免室内阴暗。还应注意选择不易受病虫害侵染的种类，否则使用药剂防治时，会使居住者感到不适。

庭荫树木在园林中占有很大比重，在配置应用上应细加考究，充分

发挥各种庭荫树的观赏特性。常绿树及落叶树的应用比例应避免千篇一律；在树种选择上应在不同的景区侧重使用不同的树种。

在庭荫树的管理上应按不同树种的习性要求分别施行。

在修剪等养护管理措施上要保证其树形树冠的完整和美观，并发挥其遮荫的主要功能。同时要处理好树与建筑物、电线的关系。

进行适时的水肥管理、涂白和越冬前的管理等。在灰尘多的城市应定期喷洗树冠，在冬季多雪地区应及时对常绿树进行除雪工作等。

对于一些边缘树种或有特殊要求的树种应当用特殊的养护管理办法。边缘树种是指从外地引入本地，需要驯化和保护，很有应用价值的树种。如南京引入的南方树种金合欢，布迪椰子、加拿利海枣等部分棕榈科植物以及从国外引进的一些树种，都不太适合在南京生长，需要通过驯化和保护才能满足它们所需要的生长条件。有特殊要求的树种，如古树名木必须按照古树名木保护条例进行养护管理。

四、行道树的养护管理要点

行道树是为了美化、遮荫和防护等目的，在道路旁栽植的树木。其养护管理标准见表6.1。

城市街道上的环境条件要比园林绿地中的环境条件差得多，这主要表现在土壤条件差、烟尘和有害气体的危害、地面行人的践踏摇碰和损伤、空中电线电缆的障碍、建筑的遮荫、铺装路面的强烈辐射，以及地下管线的障碍和伤害（如煤气管的漏气、水管的漏水、热力管的长期高温等）。因此，行道树种的选择首先应考虑对城市街道上的种种不良条件有较高的抗性，其次应满足耐旱性强、耐修剪、干皮不怕强光曝晒、不易发生根蘖、病虫害少、寿命较长、根系较深等条件。由于要求的条件多，所以完全合乎理想、十全十美的行道树种并不多。

行道树常年养护管理的要点是注

行道树养护管理标准　　　　　　　　　　　　　　　　　　　　　表6.1

序号	标准级别＼项目	基本标准	二级	一级
1	景观	①群体植株青枝绿叶，有遮荫效果；②无死树，缺株不得超过3%	①群体植株面貌基本统一，规格基本整齐，生长良好，有较好的遮荫效果；②主干上无明显萌生枝条；③无死树，缺株不得超过1%	①群体植株树冠完整，生长茂盛，规格整齐，有较好的遮荫和生态效益；②主干上无萌生的芽条；③无缺株、死树
2	生长	植株全年生长基本正常	植株全年生长正常，无明显的枯枝、生长不良枝和树叶黄化现象	植株全年生长正常，无枯枝、断枝和生长不良枝
3	树冠	①全程行道树树冠基本统一；②无严重影响交通和架空线的树枝	①全程行道树冠基本完整统一；②基本遵照有关规定，与各项公用设施保持距离	①全程行道树树冠完整统一，规格必须一致；②严格遵照有关规定，与各项公用设施保持距离
4	主干	①树干基本挺直，分叉高度不影响车辆通行；②倾斜度小于15°的树木不超过10%	①树干基本挺直，分叉点高度基本一致，不影响车辆通行；②倾斜度小于10°的树木不超过5%	树干必须挺直，分叉点高度一致，不影响车辆通行（胸径45cm以上的特大树除外）
5	树桩	路口及风口处的植株必须有桩，扎缚有效	新种植或胸径15cm以下的植株必须有桩，树桩基本无损坏残缺，扎缚完好有效	新种植或胸径15cm以下、路口及穿堂风处的植株必须有完整无损的树桩；扎缚规范、有效
6	树洞	无10cm以上未补的树洞	无5cm以上未补的树洞	无未补树洞
7	树穴	①树穴形式基本统一；②树穴内不缺土，根系无裸露；③树穴内有覆盖	①树穴形式统一；②盖板或覆盖物完整；③种植地被的树穴，地被生长基本良好	①树穴形式统一；②盖板或覆盖物完整、无空缺；③种植地被的树穴，地被生长良好
8	有害生物控制	①无严重有害生物危害状；②枝叶受害率控制在15%以下；③树干受害率控制在10%以下；④无明显杂草	①无明显有害生物危害状；②枝叶受害率控制在10%以下；③树干受害率控制在5%以下；④基本无杂草	①基本无有害生物危害状；②枝叶受害率控制在10%以下；③树干受害率控制在5%以下；④无杂草
9	清洁	①树穴无垃圾；②树干上无悬挂物	①树穴无垃圾，基本有覆盖；②树干上无悬挂物	①树穴无垃圾，有覆盖；②树干上无悬挂物

（此表参照《上海市工程建设规范园林绿化养护技术等级标准》）

意树形的完美，以利于发挥美化街景和遮荫功能，保持树木的正常生长发育，要求生长茂盛，规格整齐一致，无死树、缺株（图6.52）。

每年应及时修剪干基萌蘖，修剪树冠中的病虫枝、枯枝、杂乱枝，注意枝条与电线、建筑、车辆等的安全距离。

剥芽是行道树的一项重要养护工作，剥芽质量的好坏直接影响到树木的生长及景观面貌。随着行道树新品种的增多，我们不仅要对行道树悬铃木进行剥芽，同时要做好对其他树种的疏枝与剥芽工作。方法如下：

1）新栽独干树：原则上只剥去主干端口20~25cm以下的芽条，保留端口处新萌芽条；若主干端口处芽条太多，应剥去细弱的、方向不好的芽条，以保留足够的芽条做培养一级主枝之用和增加光合作用，促进根系生长和上部切口愈合。

2）基本成型的树木：主干一级分叉以下萌出的芽条应全部剥去，经过短截的树枝，若有萌芽条的要视树种去留芽条。对萌发较多的芽条，要掌握好去弱留强、去密留疏的原则。

加强台风前后的保护措施，进行适当疏枝或做好支撑工作。加强巡查力度，及时发现枯死树和险树等隐患，及时清除险树、枯死树和枯死枝。为防台防汛做好准备工作，备好各项防台防汛材料和器具，加强防台防汛值班，出现险情时及时组织力量进行抢险工作。暴风雨后，倾斜和倒伏树木要及时处理，能扶起来重新栽植的树木，进行重修剪，重新就地或送苗圃栽种，不要轻易砍伐。

进行适时的水肥管理、涂白和越冬前的管理等。在灰尘多的城市应定期喷洗树冠，在冬季多雪地区应及时对常绿树进行除雪工作等。

五、丛植、群植与树林的养护管理要点

1. 新植树林与群植树丛的养护管理要点

对于新植树林与群植树丛应当每年进行2~3次的中耕除草，对成年林可视情况而定，对城市内游憩片林应进行剪草而不是铲草除根。在干旱季节到来之前应进行松土、盖草、压土

图6.52　行道树缺株多

等工作。每2~3年对群植树丛与片林至少进行一次修剪去蘖的工作。另外做好病虫害防治、清理防火道、疏伐及补栽等工作。

2.竹林的养护管理要点

竹类植物养护管理应做到竹秆挺直、枝叶青翠，无死竹及枯竹；竹丛应通风透光，新、老竹生长比例恰当，竹鞭无裸露；排水良好，无积水，无

严重有害生物危害状；无陈积垃圾，保留竹林落叶（图6.53）。

树林和树丛的养护管理标准见表6.2、表6.3。

六、垂直绿化的类型及其养护管理要点

1.墙体绿化

墙体绿化是泛指用攀缘植物装饰建筑物外墙和各种围墙的一种立体绿

化形式。适于做墙体绿化的植物一般是茎节有气生根或吸盘的攀缘植物，其品种很多，如：爬山虎、五叶地锦、凌霄、常春藤、薜荔、油麻藤、崖豆藤等（图6.54）。

2.栅栏绿化

是攀缘植物借助于各种构件生长，用以划分空间地域的绿化形式。主要是起到分隔庭院和防护的作用。

树林养护管理标准 表6.2

序号	标准级别\项目	基本标准	二级	一级
1	景观	①有一定的群落结构；②林相完整	①群落结构合理，植株间无明显抑制现象；②林冠线和林缘线尚整齐	①群落结构合理，植株疏密得当，层次分明；②林冠线和林缘线饱满
2	生长	枝叶生长量和色泽基本正常	①枝叶生长正常；②观花、观果树种正常开花结果；③无大型枯枝	①枝叶生长、色泽正常；②观花树木按时茂盛开花；③观果树木正常结果；④色叶树种季相变化明显；⑤无枯枝
3	排灌	①有基本的排水系统，暴雨后24小时内雨水必须排完；②植株基本不出现失水萎蔫现象	①有良好的自然或管道排水系统，暴雨后10小时内雨水必须排完；②植株失水萎蔫现象1~2天内消除	①有完整的自然或管道排水系统，林地内无积水现象，暴雨后2小时内雨水必须排完；②植株不得出现失水萎蔫现象
4	有害生物控制	①无严重的有害生物危害状；②枝叶受害率控制在20%以下，树干受害率控制在10%以下；③无大型、恶性、缠绕性杂草，无明显影响景观面貌的杂草	①无明显的有害生物危害状；②枝叶受害率控制在15%以下，树干受害率控制在8%以下；③无大型、恶性、缠绕性杂草，基本不影响景观面貌的杂草	①基本无有害生物危害状；②枝叶受害率控制在10%以下，树干受害率控制在5%以下；③无大型、恶性、缠绕性杂草，无影响景观的杂草
5	保存率	95%以上	98%以上	99%以上
6	清洁	无陈积垃圾，保留落叶层	基本无垃圾，保留落叶层	无垃圾，保留落叶层

（此表参照《上海市工程建设规范园林绿化养护技术等级标准》）

树丛养护管理标准 表6.3

序号	标准级别\项目	基本标准	二级	一级
1	景观	各类乔木、灌木基本具有完整的外貌	①各类乔木及灌木基本达到层次合理，配置科学，密度基本合宜；②特殊造型树丛基本符合设计意图	①各类乔木及灌木之间层次合理，配置科学、密度合宜，具有群体美；②特殊造型树丛符合设计意图
2	生长	各类乔木及灌木枝叶生长量和色泽基本正常	各类乔木及灌木：①枝叶生长正常；②观花、观果树种正常开花结果	各类乔木及灌木：①枝叶生长、色泽正常；②观花树木按时茂盛开花；③观果树木正常结果；④色叶树种季相变化明显
3	排灌	①树丛范围内无长期积水，暴雨后24小时内必须排完积水；②植株出现失水萎蔫现象，及时采取措施	①树丛范围内无积水，暴雨后10小时内必须排完积水；②植株出现失水萎蔫现象，1~2天内清除	①树丛范围内无积水，暴雨后2小时内必须排完积水；②植株不得出现失水萎蔫现象
4	有害生物控制	①无严重的有害生物危害；②枝叶受害率控制在15%以下，树干受害率控制在10%以下；③无大型、恶性、缠绕性杂草，无明显影响景观面貌的杂草	①无明显的有害生物危害状；②枝叶受害率控制在10%以下，树干受害率控制在5%以下；③无大型、恶性、缠绕性杂草，基本无影响景观面貌的杂草	①基本无有害生物危害状；②枝叶受害率控制在8%以下，树干受害率控制在3%以下；③无大型、恶性、缠绕性杂草，无影响景观面貌的任何杂草
5	清洁	无陈积垃圾，保留落叶层	基本无垃圾，保留落叶层	无垃圾，保留落叶层

（此表参照《上海市工程建设规范园林绿化养护技术等级标准》）

图6.53 保留竹林落叶，不必清扫

图6.54 墙体上垂挂的黄馨

图6.55 东南大学围栏上的蔓蔷薇

图6.56 围栏上的常春藤

图6.57 东南大学围栏上的大花牵牛

一般选用开花、常绿的攀缘植物最好，如：爬蔓月季、蔷薇类、藤本月季、金银花、常春藤等，也可以选用一年生藤本植物，如：牵牛花、茑萝等（图6.55~图6.57）。

3. 棚架绿化

棚架绿化是攀缘植物在一定空间范围内，借助于各种形式、各种构件构成的，如花门、绿亭、花架等，并组成景观的一种垂直绿化形式。棚架绿化的植物布置与棚架的功能和结构有关。

棚架从功能上可分为经济型和观赏型。经济型可选择金银花、葡萄、五叶木通、丝瓜、葫芦等；而观赏型的棚架则选用观花、观叶、观果的植物，如蔷薇、藤本月季、紫藤、金瓜等（图6.58~图6.62）。

4. 护坡绿化

护坡绿化是用各种植物材料，对具有一定落差坡面起到保护作用的一

图6.58 情侣园花架上的五叶木通

图6.59 总统府花架上的蔓蔷薇

图6.60 和平广场的紫藤花架

图6.61 南京饭店的木香花架

种绿化形式。包括大自然的悬崖峭壁、土坡岩面以及城市道路两旁的坡地、堤岸、桥梁护坡和公园中的假山等。护坡绿化要注意色彩与高度适当，花

图6.62　中山植物园花架上的重瓣黄木香

期要错开，要有丰富的季相变化，因坡地的种类不同而要求不同。

1）河、湖护坡有一面临水的特点，应选择耐湿、抗风的植物。

2）道路、桥梁两侧坡地绿化应选择吸尘、防噪、抗污染的植物。而且要求不得影响行人及车辆安全，并且要选用姿态优美的植物。

5. 阳台绿化

阳台绿化是利用各种植物材料，包括攀缘植物，把阳台装饰起来。在绿化美化建筑物的同时，美化城市。阳台绿化是建筑和街景绿化的组成部分，也是居住空间的扩大部分。既有绿化建筑、美化城市的效果，又满足居住者的个人爱好，还可根据阳台结构的特点而有所不同。因此，阳台绿化植物的选择要注意以下特点：

1）选择抗旱性强、管理粗放、水平根系发达的浅根性植物，以及一些中小型草木本攀缘植物或花木。

2）要根据建筑墙面和周围环境相协调的原则来布置阳台。除攀缘植物外，可选择居住者爱好的各种花木（图6.63、图6.64）。

6. 立交桥绿化

立交桥的绿化可分为：

1）桥下绿化，应栽植耐阴、半耐阴植物。

2）桥柱绿化，应在桥柱周围栽植抗旱性强、攀爬能力强的攀缘植物，如爬墙虎、常春藤等；也可通过牵引措施，栽植藤本月季、五叶地锦等。

3）桥体绿化，应根据桥体两侧栽植槽或栽植带的宽度选择植物。栽植槽或栽植带宽度不足60cm时，应栽植抗旱性强的攀缘或垂悬植物；栽植槽或栽植带宽度在60cm以上时，可栽植常绿灌木；桥体两侧无栽植地时，应在桥体两侧架设载体，栽植悬垂植物。

植物在养护管理上除水肥管理外，对攀缘植物主要着重诱引枝条使之能均匀分布；对篱垣式植物的整枝应注意调节各枝的生长势；对吸附类植物应注意大风后的整理工作（图6.65）。

7. 垂直绿化的养护管理

垂直绿化的养护管理主要内容包括两个方面：一是对附着藤蔓植物的相关设施、设备（如花架、墙面等）进行必要的保养、维护和修补；二是为了保证藤蔓植物生长健壮而对其进行的养护管理。

对相关设施、设备（如花架、墙面等）进行必要的保养、维护和修补，主要是对钢材、木材结构进行防腐、油漆维护，对开裂、剥落部位进行修补处理，确保相关设施、设备完好无损。

藤蔓植物的养护管理和技术要求大体和园林树木的养护管理相同，除了做好施肥、灌溉、排水、修剪、防治病虫害、中耕除草、预防各种自然灾害等工作外，还应结合藤蔓植物的生长和绿化特点，有针对性地做好养护管理工作。例如在藤蔓枝条生长过程中，要随时抹去花架顶面以下、主藤茎上

图6.63　第二十四中学教学楼廊栏挂槽中的黄馨

图6.64　汉府雅苑楼层的垂直绿化

图6.65　宝象广场立交桥墩柱上的爬墙虎

的新萌芽，剪掉其上萌生的新枝，促使藤条长得更长，藤条分枝更粗；对花架顶上藤枝分布不均匀的，要进行人工牵引，使其分布均匀；每年都要修剪，着重剪掉病虫枝、衰老枝、枯枝和因下垂而影响游人行走的枝条。牵引的目的是使攀缘植物的枝条沿着依附物不断伸长生长，特别要注意栽植初期的牵引。新栽苗木发芽后应做好植株生长的引导工作，使其向指定的方向生长。对攀缘植物的牵引应设专人负责，从植株栽后至植株本身能独立沿着依附物攀缘为止。应依攀缘植物的种类不同、时期不同，使用不同的方法，如捆绑设置铁丝网（攀缘网）等。

垂直绿化养护管理标准：

1）攀缘植物的牵引工作必须贯彻始终。按照不同种类攀缘植物的生长速度，一般栽后年生长量应达到1.0~2.0m。

2）植株无主要病虫危害的症状，生长良好，叶色正常，无脱叶落叶的现象。

3）认真采取保护措施，无缺株，无严重人为损坏。

4）修剪及时，疏密适度。

5）对人为损害能及时采取保护措施，缺株数量不超过10%。

七、屋顶花园绿化及其养护管理

屋顶花园可以广泛地理解为在各类建筑物、构筑物等的屋顶、露台、天台、阳台上进行造园，种植树木花卉的总称。它与露地造园和植物种植的最大区别在于屋顶花园是把露地造园和种植等园林工程搬到建筑物或构筑物之上，种植土壤不与大地土壤相连。现在与屋顶花园相近的名词还有屋顶绿化和立体绿化（图6.66~图6.68）。

1. 屋顶花园的类型

屋顶花园的类型和形式是多种多样的。不同类型的屋顶花园，在规划设计上亦有所区别。

屋顶花园的类型按使用要求的不同，可分为三类。

1）公共游憩性屋顶花园

这种形式的屋顶花园除具有绿化

图6.66　苏建艳阳居居住小区屋顶花园

图6.67　游府西街小学屋顶花园

效益外，还是一种集活动、游乐为一体的公共场所，在设计上应考虑到它的公共性。其出入口、园路、布局、植物配置、小品设置等方面要注意符合人们在屋顶上活动、休息等需要。应以草坪、小灌木花卉为主，设置少量座椅及小型园林小品点缀，园路宜宽，便于人们活动。

建在宾馆、酒店的屋顶花园，

已成为豪华宾馆的组成部分之一，实为招揽顾客，提供夜生活的场所。可以在屋顶花园上开办露天歌舞会、冷饮茶座等，这类屋顶花园因经济目的需要摆放茶座，因而花园的布局应以小巧精美为主，保证有较大的活动空间，植物配置应以高档精致为宜。

2）家庭式屋顶小花园

随着现代化社会经济的发展，人们的居住条件越来越好，多层式、阶梯式住宅公寓的出现，使这类屋顶小花园走入了家庭。这类小花园面积较小，以植物配置为主，一般不设置小品，但可以充分利用空间做垂直绿化，还可以进行一些趣味性种植，让人们领略到城市中早已失去的自然情趣。

另一类家庭式屋顶小花园为公司写字楼的楼顶，这类小花园主要作为接待客人、洽谈业务、员工休息的场所，这类花园应种植一些名贵花草，设置一些精美的小品，如小水景、小藤架、小凉亭等，还可以根据实力做反映公司精神的微型雕塑、小型壁画等。

3）科研、生产用屋顶花园

以科研、生产为目的的屋顶花园，可以设置小型温室，用于培育珍奇花

图6.68　武夷绿洲小区中的屋顶花园

卉品种、盆景、盆栽瓜果等。这类花园既有绿化效益，又有较好的经济收入。这类花园的设置，一般应有必要的设施，种植池和人行道规则布局，形成闭合的、整体地毯式的种植区。

2. 屋顶花园的特点

1）屋顶绿化要考虑屋顶承重问题。建筑物的承载能力，受限于屋顶花园（绿化）下的梁板柱和基础、地基的承重力。由于建筑结构承载力直接影响房屋造价的高低，因此屋顶的允许荷载要受到造价的限制，是一个固定数值。屋顶绿化时，要将实际荷载控制在允许荷载范围内；特别是对原有未进行屋顶设计的楼房进行屋顶绿化时，更要注意将屋顶花园（绿化）的平均荷载控制在允许荷载的范围之内。为了减轻荷载，应将亭、廊、花坛、水池、假山等重量较大的景物设置在承重结构或跨度较小的位置上，同时尽量选择木构件、人造塑山、泥炭土、腐殖土等轻型材料。

2）屋顶绿化要考虑渗漏问题。由于植被下面长期保持湿润，并且有酸、碱、盐的腐蚀作用，会对防水层造成长期破坏。同时，屋顶植物的根系会侵入防水层，破坏房屋屋面结构，造成渗漏。屋顶花园防漏还有个难点是：屋顶上面有土壤和绿化物覆盖，如果渗漏，很难发现漏点在哪里，以致难以根治。

3）屋顶绿化要考虑设计问题。一是建筑设计时要考虑屋顶绿化的特殊要求，如：屋顶承重、屋顶防漏、照明、供排水等；二是进行屋顶花园设计时要因地制宜。屋顶花园的面积都不大，要在有限的屋顶面积内将雕塑、园路、灯光、水池、喷泉、花木、亭台小品、建筑风格等精妙结合。

4）屋顶绿化要考虑屋顶环境恶劣，植物成活难的问题。植物要在屋顶上生长并非易事，由于屋顶的生态环境因子与地面有明显的不同，光照、温度、湿度、风力等随着层高的增加而呈现不同的变化。比如：屋顶太阳辐射强、升温快、暴冷暴热、昼夜温差大等。由于屋顶花园是建造在建筑物上，和大地完全隔离，因此没有地下水上升

的作用，无法利用地下水；土层的厚度也受到局限，有效的土壤水分容量小。同时由于土层薄，受到外界气温的变化和下部构造传来的热变化的影响，土温变化大。所以需要根据各类植物的生长特性，选择适合屋顶生长环境的植物品种，宜选择耐寒、耐热、耐旱、耐瘠薄、生命力旺盛的花草树木。

5）屋顶绿化要考虑栽培基质问题。传统的壤土不仅重量重，而且容易流失。如果土层太薄，极易迅速干燥，对植物的生长发育不利；如果土层厚一些，满足了植物生长，但屋顶承受不住。因此，应该选用质地轻、保水、透水性好的基质来代替壤土。一般可选用种植土、草炭、膨胀蛭石、膨胀珍珠岩、细砂和经过发酵处理的动物粪便等材料，按一定比例混合配制而成。土层厚度依植物而定，草坪：15~20cm；小灌木：30cm；大灌木：50cm；乔木：80cm 以上。土层厚度不能少于 15cm，土层太薄，没有蓄水能力，容易干透。

6）屋顶绿化要考虑植物搭配的问题。屋顶花园面积都不大，绿化花木的生长又受屋顶特定环境的限制，可供选择的品种有限。一般宜以草坪为主，适当搭配灌木、盆景，避免使用高大乔木。在大厦顶楼，风速要比地面大，加之有限的土层厚度，种植乔木容易被风吹倒，因此，如一定要栽植乔木，要采取必要的加固措施以利于植物的正常生长。还要重视芳香和彩色植物的应用，做到高矮疏密错落有致，色彩搭配和谐合理。

3. 屋顶花园的养护管理

屋顶花园的特殊性决定了要定期对防渗、隔根、排水层进行检修，还要进行植物的修剪、水体的清洁、灯具的保养等。否则，屋顶花园的美丽景观就很难经受住时间的考验，甚至造成事故。

屋顶花园建成后的养护，主要是指作为花园主体景物的各类地被、花卉和树木的养护管理。当然，还有屋顶上的水电设施和屋顶防水、排水等的管理工作。这项工作一般应由在园林绿化种

植管理方面有经验的专职人员来承担。

在日常使用过程中，管理人员应注意不得任意在屋顶花园中增设超出原设计范围的大型景物，以免造成屋顶超载。在更改原暗装水电设备和系统时应特别注意不得破坏原屋顶防水层和构造处理。更不得改变屋顶的排水系统和坡向，并应保持屋顶园路及环境的清洁，防止枝叶等杂物堵塞排水通道及下水口，造成屋面积水，最后导致屋顶漏水。

由于屋顶绿化所处的特殊环境，其养护管理除了做好日常常规性的工作外，还应重点做好以下几点：

1）灌溉、排水

屋顶绿化一般种植土层都较薄，且很多都是轻质栽培介质，其蓄水、保水能力差，也无地下水可利用。同时，屋顶上受阳光直射，气温一般较地面高，风速大，水分蒸发比较快。因此，要做好屋顶绿化的灌溉工作，特别是在炎热的夏天，每天都应浇透水一次。

在雨季，要注意经常检查屋顶绿化的下水、排水管道情况，保证其畅通，以防排水管道堵塞造成土下局部积水而使植物受涝。

2）屋面防漏

屋顶花园的造园过程是在已完成的屋顶防水层上进行，园林小品、土木工程施工和经常的种植耕种作业，极易造成防水层破坏，使屋顶漏水，引起极大的经济损失，应引起足够重视。屋顶绿化施工前都会按相应标准做好防水层，所以建成后的屋顶花园一般不会出现屋顶漏水的情况，但在养护管理过程中，如果是防水施工质量差，由于植物根系的生长对屋面的影响、屋面荷载过重等原因而造成屋面漏水，应及时采取相关措施，进行防漏处理。

3）防倒伏

在同一地段，屋顶上的风力一般都要比地面上强，为防止植物被风吹倒或倒下的植物被吹到地面造成人身伤害和财产损失，在一些常有大风（或台风）的屋顶花园，对一些枝干较高的

植株应采取立支柱等防护措施。通过修剪对植株的株高、形态进行有效控制，从而尽量减少屋顶的荷载，防止由于树木过大过高造成的倒伏情况发生。

4）种植层种植介质的更新

对一些修建时间较长的屋顶花园，其种植介质会因为长时间的养分消耗而造成营养成分单一或缺乏，为保证植物能够生长良好和健壮，在养护管理过程中，除保证肥料供应外，还应及时改良或更换较差的介质。

5）根据物候早施肥

屋顶花园的下垫面是水泥地，吸热能力强，植物物候比较早。掌握这一特点，初春对花木进行早追肥，采取薄肥勤施，根部施肥与叶面喷肥交替进行。这样，屋顶花园花木比常规地面上的花木提前进入生长旺季，花木开花早、花期长。在高温季节不宜进行根部施肥，花木缺肥时可在傍晚进行叶面喷施薄肥，这样有利于花木生长。

6）遮阳降温

屋顶花园在夏季光照强，温度高，风速大，花木蒸腾量大，易发生日灼、枝叶焦边或干枯。为防止花木夏季受害，应提前采取措施进行防护。4月上旬进行防风遮荫，在温室、大棚上面直接覆盖遮阳网；没有温室、大棚处，可设固定防风铁丝网，外围覆盖遮阳网（遮阳率70%以上的）。高温到来时，视天气每天早晚浇水，叶面多喷几次雾状水，以此来增加空气湿度，降低温度。

7）冬季为使植物能正常越冬，要采取一定防冻措施，对于新植苗木或不耐寒的植物材料，应当适当采取防寒措施：如包裹树干、搭设风障、及时清除积雪等措施，以确保其安全越冬。

8）屋顶花园周边必须设有牢固的防护措施，保证人身安全。要经常对防护设施进行检查，确保万无一失。

八、古树名木与养护管理

1. 古树名木的定义和保护意义

古树名木系指在人类历史发展进程中保存下来的年代久远或具有重要科研、历史、文化价值的树木。古树是指树龄在100年以上的树木，名木是指国内外稀有的以及具有历史价值、纪念意义和重要科研价值的树木。

古树名木分为一级和二级。树龄在300年以上，或者特别珍贵稀有，具有重要历史价值和纪念意义，以及重要科研价值的树木，为一级古树名木；其余为二级古树名木。

古树名木是研究植物区系发生、发展及古代植物起源、演化和分布的重要实物，也是研究古代历史文化、古园林史、古气候、古地理、古水文的重要旁证。

古老树木是活着的历史文物，古树名木为文化艺术增添光彩，历史文人为古树名木作的诗画，为数极多，是我国文化艺术宝库中的珍品。古树名木以其苍劲古雅、姿态奇特而成为名胜古迹的最佳景点。古树多属乡土树种，其对当地气候和土壤条件有很高的适应性，可作为制定树种规划的依据，也是研究自然史的重要资料。

2. 古树衰老的原因

树木的衰老、死亡是客观规律，任何树木都要经过生长、发育、衰老、死亡等过程。

导致古树名木衰老死亡的原因一是人为因素。如地面过度践踏，土壤通水透气性降低；地面铺装面过大，树池较小，使根系处于透气性极差的环境中；污水随意倾倒，土壤理化性质恶化；树体被刻画、折枝，树皮被剥损；树体周围取土，或长期堆放杂物；非法购买、擅自移植，致使许多珍贵的古树在挖掘、搬运、移植过程中生长不良甚至死亡，这是近年大量古树遭受毁坏的主要原因之一。不少古木被公民视作"神木"，连绵不断的香火烟熏，更加速了古树的衰败与腐朽。二是自然因素。暴雨、台风、大雪、雷电等均会给古树名木造成伤害。三是病虫危害。古树由于过于衰老，生长势减弱，容易遭受病虫危害。

3. 古树名木养护管理技术措施

1）加大宣传力度，做好调查。调查内容包括古树名木的地点、位置、树种、科属、树龄、树高、冠幅、胸围（地围）、生长势、病虫害、立地条件、保护现状、权属等，并登记、编号、挂牌、建立档案。每年记录养护和管理措施及生长情况，以供以后管养参考。

2）古树名木的复壮措施

树木的"长寿"除了其遗传性外，还必须满足其生态条件和营养条件的要求。一般古树要求土壤含水量在14%~15%为宜，含盐量应小于0.2%，pH值在6.5~8.0之间，而土壤容重应在1.4g/m³以下，总孔隙度在50%左右，非毛细管孔隙度在10%~18%。当古树生存环境超出上述指标时应采取人工复壮措施，改善其生长条件。

许多古树栽植时，树穴较小，树木长大后，根系难于向四周或地下坚土中生长。加上人为踩实，通气不良，排水不畅，这些对根系生长极为有害。北京市故宫博物院园林科用换土的方法抢救古树，使老树复壮。具体做法是：在树冠投影范围内，对大的主根部分土壤进行换土。挖土深0.5m（随时将暴露出来的根用浸湿的草袋子盖上）。以原有的旧土与砂土、腐叶土、腐熟大粪、锯末、少量化肥混合均匀之后填埋其上。目前故宫里凡经过换土的古松均已返老还童，郁郁葱葱，此法值得学习推广（图6.69~图6.75）。

图6.69 无锡吟园200年树龄的雀梅

图6.70　苏州怡园的古树圆柏

图6.71　总统府内林森手植的名木雪松

图6.72　总统府内的古树——大叶女贞

图6.73　绿博园中的古树名木对节白蜡

图6.74　翠屏山宾馆内的古树桂花

图6.75　雨花区绿化所办公楼外古树名木雀梅

3）养护管理措施

（1）由于古树年代久远，主干或有中空，主枝常有腐烂、死亡，造成树冠失去均衡，树体容易倾斜，因而需要支撑加固。

古树支撑：对大枝因刮风容易折断的古树，应进行钢管"人"字支撑，用4寸的钢管作支撑柱，下端埋到混凝土里固定，上端与树干连接处做一个树箍，内衬橡胶软垫，以免损伤树皮。

地下部分：施肥换土，在树冠投影范围内，挖复壮沟，沟深80~100cm、宽60~80cm。挖出的原土过筛，好土留下备用，渣土清走。分层向沟内施复壮基质（包括原土加腐熟树皮落叶碎屑和古树专用颗粒肥）与混合肥料。

具体操作方法为：复壮沟最下一层铺20cm的复壮基质，加少量磷钾肥和菌根剂；第二层铺20cm的落叶；第三层铺20cm的复壮基质；第四层铺20cm的落叶；最上一层铺一定的素土。经过几年的施肥，土壤的有效孔隙度可保持在12%~15%，有利于根系生长。每条复壮沟的两头可用砖砌成环状观察井，以便对根系的生长情况进行观察。五六月份可给古树叶面追肥，喷0.2%磷酸二氢钾、0.3%尿素2次。春季及干旱季节可以向复壮沟内浇水。同时加强对古树病虫害的治理，如防治天牛、蚜虫、军配虫、红蜘蛛等，除了打药、消灭成虫以外，还可在古树上围塑料布环，放捕食螨和肿腿蜂，进行综合防治。

（2）设置避雷针

古木高耸且电荷量大，易遭雷电袭击。千年古银杏大部分曾遭受过雷击，影响树势甚至导致死亡。所以高大树木应安装避雷装置；如果遭到雷击，应立即将伤口刮平，涂上保护剂，并绑扎好。

（3）灌水、松土、施肥

干旱季节灌水防旱，雨季注意排水，冬季注意防冻。灌水后进行松土，以增加土壤通透性。合理施肥，可采用穴施、环状沟施、放射性沟施和叶面喷施。

（4）整形修剪

修剪应基本保持原有树形，必要时适当整形，以利通风透光，减少病虫害，促进更新复壮。

（5）树体喷水

古树截留空气中的灰尘极多，影响光合作用和观赏效果，可采用喷水方法加以清洗。

（6）防治病虫害

（7）设置围栏，加强保护

围栏可用砖石、水泥围砌，或用钢材制作。围栏一般距树干 2~3m，无法达到要求的，按照人摸不到树干为最低要求，以有效地避免人畜对古树的伤害。不准在树下堆放物品，倾倒人粪尿、垃圾、废料或污水等。防止在树干上乱刻，乱画，钉钉，缠绕绳索、铁丝（图 6.76、图 6.77）。

（8）有些古树在暴风或大雪的侵袭下常常发生断裂，为了保持完好的树形，不要把它们锯掉，可用木钻在主枝和侧枝上钻孔，然后用长短适中的螺栓把它们连接固定在一起，断裂处的伤口会逐渐愈合，以后再把螺栓卸掉。

4.古树名木的鉴定

确定树龄的方法：

1）用生长锥取样推算，在树干 1.3m 高的胸径部位，打钻入树干，取样放在 5 倍放大镜下，数出样品年龄。有些样品可以取到树干中心部位，获得胸高部位的年龄，加上长到胸高 1.3m 处所需的生长年数，即为该树的

图6.76 南通狼山风景区用围栏保护的古树银杏

图6.77 镇江焦山用树坛保护的古树

实际年龄（速生树种做 5 年计，慢生树种做 10 年计）。而有些树木生长锥取样未能达到树木的髓心部位，就以取样长度内的年轮来推算该树的胸径部位年龄，然后加上长到胸径所需年数，得到该树的年龄。

2）开"窗"观察。有些坚硬材质的针阔叶树种，生长钻无法打钻取样，则改用凿子在胸径部位开一个深 5cm 左右的"小窗"口，削出一定长度的平面，数出这一段树干的年轮，来推算此树的年龄。

若能在附近找到同树种而生长比较正常的幼龄树、壮年树或成年树，也进行钻孔测定推算，而后再查阅历史有关资料，予以推算，较为正确。

所有被钻孔或开挖窗口的孔道或创伤部位，都必须随时消毒，而后用洁净的水泥浆或同树种的树枝（须剥除皮层）堵塞。孔道周围表皮部的切口要削光、消毒，涂上生长激素，促其生长愈合，最后将切口面封蜡，防止雨水侵入感染，并加裹覆盖物，抵御烈日与强风的侵蚀。

第三节 环境卫生保洁与园林设施维护

一、水质和水面卫生

1.水生植物的净化作用

水生植物利用太阳能进行光合作用（吸收二氧化碳，放出氧气）和呼吸作用，对维持水体生态系统的平衡起着不可忽视的作用。水生植物还对污染了的水体具有很强的净化功能。如凤眼莲、荷花、睡莲、纸莎草、水葱、香蒲、野慈姑等，都有较强的净化污水能力。

深圳市洪湖公园利用水生植物对污染水体进行生态修复，取得了很显著的生态效果。研究表明，许多水生植物对水及土壤中的有毒物质均具有不同程度的吸收和分解作用。

宁波市内河管理处选择了几条河道做试点，采用生态演替式水体修复技术，重建内河水系的生态圈。前期先利用微生物降解污染物，再靠围网内的凤眼莲吸纳；中期大量种植水龙姜花、香蒲、蕹菜、菱白等 10 多种水生植物吸收水体有机物，后期投放本地鱼种和螺蛳等完善生物链，最终使水体具有稳定的自净功能，收到了较好的治污效果。

2.科学治理水体水质，确保园景园容优美整洁

水是万物生长之本。清澈的水体能够激发人们的情感，陶冶人们的情操。污染浑浊的水体，在景区将会大煞风景，影响游人的兴致和情绪。所以，一个景区若有清澈优质的水体，将给景区带来灵性，增添美色。

"总统府"景区共有四个湖。太平湖：水体有 3527m³，水深 1.5~1.8m，它是清朝中期所建，湖堤四周用城墙砖砌筑，湖为软底。博爱湖：水体有 973m³，水深 1.5m 左右，它是总统府景区二期扩建工程时所建，四周湖堤用青石所砌，底部部分用毛石铺垫。东花园的复园湖和前湖：水体分别为 719m³、460m³，水深均为 1.5m，是复建东花园时所建造，四周湖堤用青石所砌，底部用水泥浇筑，属固底湖。

今天，"总统府"景区四个湖的水源都是死水了，但历史上的太平湖却是活水。湖水由南面的青溪河引入园中，历经百年变迁，河道现已荡然无存，只能靠雨水和地下水的补充，

这给水质的治理增加了不小的困难。每当枯水季节，湖水严重不足时均用自来水补充。水体的污染原因主要是雨水将地面的污染物冲入水中。太平湖、博爱湖还受到了化肥中氮、磷、钾等化学元素渗透的影响。这些污染源，使得水体变质，严重时变臭。太平湖、博爱湖水体时而变成铁锈色，时而变成酱黑色。遇到夏天高温时节，还出现大量死鱼。复园湖和前湖则出现过绿藻、蓝藻。

"总统府"景区的领导对水质治理工作非常重视，要求一定要保持"景观水"的质量。几年来，他们进行了多方调研，走访了周边的苏州、扬州等景区，考察他们的治水经验，结合总统府景区的水体特点，采取了多种方法治水，但效果始终不甚明显，四个湖的水质仍时好时坏。

从 2003 年开始，他们请了上海宜态科生物科技有限公司来协助处理水质问题。该公司对景区四个湖的水质分别进行了检测分析，有针对性地制订了科学治理方案。首先，在湖体中安装了四个生物培养箱，投放了菌种，用水泵进行水循环，但是这种方法治水的效果不明显。2007 年该公司用"生物增效法"进行了水质治理试验，并将新研制的 B10216 生物产品注入水体中，起到了将水体中污染物转移、转化及降解的作用，从而使水体得到净化。该系统从自然界中筛选优质菌种，通过基因重组技术得到了高效菌种。这些菌种经培养器培养之后，再均匀地投放到水体中。为了增强菌种在水体中的存活时间，他们还在水体中安装了三台曝气充氧机进行配合。机械曝气充氧机效率高，安装便利，且不影响湖面的景观。通过曝气机增氧，延长了水体中菌种的存活时间，有效地灭杀和分解了水体中的有害物质。目前，太平湖和博爱湖的水质清澈稳定，达到了前所未有的效果，深受游客们的好评。

关于如何治理复园湖和前湖的水质问题，由于这两个湖的湖底是固底，

外来污染源少，但自我吸腐净化能力较弱。因此，主要是控制水体的"富营养"化，防止藻类发生。最终他们采取了投放生物除藻剂"艾克清"药物的方法；由于该产品是生物制成，对水体不产生二次污染，对景观鱼的生长也没有影响，因而起到了长期抑制藻类生长的作用，保持了水体的自然美观和清澈见底的效果。

在用生物治水的同时，他们还做到以下几点：首先是保持湖面整洁。防止湖面漂浮物沉入湖底面而造成污染，平时不间断地捞取水面上的树叶和游客丢弃的废物；二是湖面种植能吸收富养的植物。用浮体花盆栽植一定数量的美人蕉、荷花、睡莲等水生植物，既美化了水面，又起到了净水的效果；三是保持水体中有一条良好的生物链。在湖水中，放养了多品种的景观鱼，还投放了虾、螺蛳、河蚌等水生动物。另外，他们还注重科学投放鱼饵料，防止因过多投放鱼食而造成对水体的污染；四是严禁在湖水中洗拖把、抹布等，严禁将打扫卫生的脏水倒入水体。

由于采取了上述一系列科学治理的措施，总统府景区湖水的水质得到了明显地改善，达到了"景观水"的标准。露天的水质是随季节和污染源变化而变化的，要实现长效治理，必须密切关注气候、温度、气压、空气质量以及其他污染源对水质的影响，总之，治水工作一时一刻都不能松懈。他们将继续努力，不断探索，总结经验，以科学的态度积极投入到总统府景区"四湖"水体治水的工作中去，确保景区园景园容的优美整洁。

3. 水池管理标准

保持水面及水池内外清洁，水质良好，水量适度，节约用水。池壁美观，不漏水，设施完好无损。及时清除杂物，定时杀灭蚊子幼虫，定时清洗水池，控制好水的深度，管好水闸开关，不浪费水。及时修复受损的池壁和水池设施（图 6.78~ 图 6.89）。

二、卫生设施和保洁

绿地环境的卫生工作，能反映整个单位的精神面貌，也是检验绿地管理工作的重要标准。为此，卫生管理工作不容忽视，要将这项工作作为一

图6.78　瞻园水面清澈洁净

图6.79　瞻园水面清澈洁净，鸳鸯在池中戏水

图6.80　汇林绿洲小区的水面清洁卫生

图6.81　日本庭园水景水面清澈雅致

图6.82 水面垃圾未清

图6.89 无锡鼋头渚太湖水出现蓝藻

图6.83 水面落叶未清捞

图6.86 水面绿藻未清除

图6.84 水质很差，水色发黑

图6.87 水面绿藻未清除

图6.85 水池干枯，池底未清扫

图6.88 水上绿藻、垃圾未清除

个课题去研究和探讨。

1）以建设和谐景区为目标，以人为本，制定一个适合绿地和景区特点的卫生工作计划。全面持久深入实施"城市卫生法"，加强卫生设施改造，完善卫生管理制度，营造一个清洁、整齐、文明、优美、和谐的绿地环境。

2）卫生工作是一个动态的工作，随时都有可能被游人丢弃的废物而污染。为此，要根据景区卫生范围的大小，配备好一定数量的保洁工作人员，并对其认真地进行岗前培训。要求保洁人员既要做卫生工作，又要熟悉景区，解答游客的一般性提问。做好标本兼治，在清除卫生死角的同时，要加强景区环境卫生的保洁工作；根据淡、旺季节的实际情况，定时或不定时的进行清扫，随时保持园路和地面整洁。

3）按照游客的参观线路，合理投放有景区特色、个性化的垃圾箱。垃圾箱应保持外观整洁、完整，内壁无污垢陈渍，箱内无陈积垃圾，并应实行垃圾分类。垃圾场地必须与景区分隔，做到垃圾日产日清，保持垃圾场无异味、无蚊蝇，垃圾不过夜、不焚烧。厕所位置要合理，既隐蔽，又方便。

厕所空间要大,通风要好,下水要通畅。要安排专人负责卫生清扫工作,保持厕所内外环境清洁、卫生,定期消毒。保持厕所内各项设施完好并能正常使用。做到定时检查、清扫,无恶臭异味、秽物污水外溢、断水缺电等现象。

4)绿地和景区内的公共场地和楼道、阳台严禁乱堆乱放,打扫卫生的工具要集中摆放,游客参观线路及游客可视部分严禁摆放拖把、扫帚等杂物,更不允许在绿地中晾晒衣被等物品。

绿地保洁人员要及时将纸屑、垃圾、杂物等全部清运出绿地,进行巡回保洁。经常清理石头、砖瓦、树叶和树上的蜘蛛网、灰尘等。做到绿地清洁,无垃圾杂物,无石砾砖块,无干枯枝叶,无蜘蛛网在树上,无粪便暴露,无鼠洞和蚊蝇滋生地,发现鼠洞要随时堵塞。

5)要健全工作机制,广大员工要积极维护卫生工作,明确职责,人人动手、齐抓共管。把卫生管理工作列入议事日程,抓紧、抓好、抓出成效,要注重长效管理,认识到工作的重要性和紧迫性。认真组织实施卫生工作计划,建立和健全各项规章制度,靠制度管人,靠制度管事;要加大投入力度,保证厕所、垃圾场所和污水处理等基础设施完善;要强化监督检查,确保各项规定和工作措施落到实处,见到实效。要成立由主要领导牵头的卫生工作领导小组,实行"一把手"亲自抓,分管领导具体抓,实行分级负责的管理制度。主要领导要深入基层了解情况,并将工作实绩纳入领导干部的年度考核和岗位目标责任制,做到奖惩分明。并要建立游客投诉举报机制,发现问题及时纠正。

三、文物的保护和管理

保护文物古迹是做好南京历史文化名城保护管理工作的基本前提,"保护文物,人人有责"。绿地内文物的保护和管理应符合《中华人民共和国文物保护法》的规定。

1. 文物的定义和范围

文物是各时代的实物史料,是各时代劳动人民创造物质文明和精神文明的历史见证,是我们祖先劳动和智慧的结晶,凡是一切具有历史的、革命的、文化艺术的、科学研究价值的遗物,都叫做文物。

国家保护的文物范围有以下几种:

1)与重大历史事件、革命运动和重要人物有关的,具有纪念意义和史料价值的建筑物、遗址、纪念物等。

2)具有历史、艺术、科学价值的古文化遗址、古墓葬、古建筑、石窟寺、石刻等。

3)各时代有价值的艺术品、工艺美术品。

4)革命文献资料以及具有历史、艺术和科学价值的古旧图书资料。

5)反映各时代社会制度、社会生产、社会生活的代表性实物。

南京许多公园、风景区,如玄武湖、莫愁湖、中山陵、明孝陵、雨花台、清凉山、总统府、瞻园、宝船公园等园林里面都有文物古迹,园林和文物的关系十分密切。

文物的范围很广,大体可分为历史文物和革命文物两大类。其中历史文物包括古代文物和近代文物,凡在1840年鸦片战争以前的文物叫古代文物,凡鸦片战争以后的叫近代文物。革命文物主要指鸦片战争、太平天国运动、辛亥革命,特别是在五四运动以来以新民主主义革命为中心的各个革命运动、革命斗争的历史过程中遗留下来的有历史意义的遗迹和遗物。

从性质上,文物可以分为可以移动的和不可以移动的两大类:可以移动的包括图书、绘画、名人手迹、雕刻品、玉器、金银器、铜器、陶器、瓷器、各种丝、麻、棉、毛织品及工艺美术品等。不可移动的主要指古代建筑物及纪念品,如宫殿、城墙、庙宇、名人住宅、石窟寺、碑碣石刻、楼塔亭台、雕塑等,古文化遗址和古墓葬及其附属物,这些大都具有珍贵的历史、文化、艺术价值。

革命文物可分为史料、遗物及史迹三类。前两类是可移动的文物,后一类属于不可移动的文物。

2. 保护文物的重要意义和作用

1)文物是研究历史、文化、科学的重要实物资料,可以说明甚至解决一些历史问题,探索社会发展的规律。

2)文物是创造社会主义新文化取之不尽、用之不竭的源泉。它是民族的文化艺术遗产,保存了我国的优良文化传统,可以供我们学习、借鉴和推陈出新,创造现代的具有民族特色的文化艺术。

3)文物是对广大人民群众进行爱国主义教育,激发人民群众的民族自豪感和自信心的最具体、最生动、最实际的实物教材。

文物古迹是中华民族的创造,是世界文明古国的历史见证,也是中国人民对世界文化宝库所作出的杰出贡献。

3. 文物保护与旅游业发展的关系

目前,文物保护与旅游业发展之间有着较为明显的矛盾。有的学者认为,开发旅游业有利于对文物的保护,但同时也给文物保护工作带来了一些负面影响。我们应该在保护好文物的前提下,合理利用文物来推动旅游事业的发展。同时,以发展旅游业来促进文物的保护工作,做到保护与开放相互促进,达到社会效益和经济效益双赢的效果。

如何保护好文物,是世界各国共同关心的问题,每个国家都为此采取了大量的措施。随着人民生活水平的不断提高,我国又出台了带薪休假政策,这将给群众性旅游活动和旅游业的发展带来新的高潮和生机。

中宣部、财政部、文化部和国家文物局下发了《关于全国博物馆、纪念馆免费开放的通知》。2009年全国各级文化文物部门管理的博物馆、纪念馆和全国爱国主义教育基地将全部向社会免费开放。免费开放以后,文博景区的游客量将大大增加,这对文物保护又是一个新的挑战,生机勃勃的旅游业又为文物保护工作增添了新的难题,旅游业的发展与文物保护之间的矛盾将更加突出。如何看待和处理好二者之间的关系,使二者相互促进,对我们这个文物大国和未来的旅游大国来说，都具有非常重要的现实意义。

1）文物古迹是一项重要的旅游资源

广大旅游爱好者为了了解祖国乃至全人类博大精深的文化，首先是学习书本知识；其次是参观文物古迹。文物古迹给人以直观、形象、生动的感受，留给人们的印象深刻，因而文物古迹成为旅游资源不可缺少的一部分。我们应该充分利用这个优势，以文物古迹为主题，开发系列旅游线路，以推动我国旅游事业的发展。

2）旅游业的发展要注重文物保护

（1）由于探古求知是人们共同的心理需要，文物古迹遂成为一项重要的旅游资源，可推动旅游事业的发展。为了吸引更多的游客，旅游界人士必然会注意保护文物，以便使其尽量完好地展现在游客面前，从而获取最大限度的经济效益。

（2）为了文物资源的永久利用，文博部门要重视文物保护。文物是不可再生性的旅游资源，一旦受损，很难恢复原样，即使修复以后，也降低或失去了文物自身的价值。

（3）增强人们的文物意识，有利于文物的保护。随着旅游业的发展，大量的文物古迹直接对游客开放，使人们获得了丰富的知识，受到了深刻的教育，既弘扬了中国的传统文化，又可提高人们的文化素质。

3）发展旅游业给文物保护带来一定的负面影响

由于种种原因，旅游业的发展也给文物保护工作带来了一些负面影响。

（1）开发旅游景区，不注重文物保护，就是对文物的破坏。有的景区进行大规模的基础设施建设，如位于深山峻岭之中的河南嵩山少林寺景区，目前已修建了水泥道路直通景区，而道路两旁宾馆、学校、饭店众多，这一切，都破坏了文物古迹原有的生态环境。有些部门甚至在文物古迹周围办工厂，修建高大的建筑等，直接威胁着文物古迹的保护工作。

（2）有些旅游景区在文物维修过程中，由于专业素质差，损坏了文物的原样。

（3）旅游业的发展对环境产生的污染，使文物遭到一定程度的破坏。众多的车辆等交通工具排出大量的废气，严重污染了旅游景区的空气，排出的废水、废渣等又严重污染了旅游景区的水源。这些被严重污染的水和空气对文物古迹有着强烈的腐蚀和破坏作用。

（4）众多的游客在游览过程中，呼出的二氧化碳气体中含有大量的水分，使文物古迹受到侵蚀，特别是在洞窟、古墓、地下室等古迹中表现得非常明显。游客的踩踏、攀登、抚摸等行为可严重损坏文物。凡游客所到之处，都存在着在文物古迹上乱刻乱涂的现象，更有甚者，竟然用敲砸等手段盗取文物古迹的部件，此等野蛮行径，严重地危害着文物古迹的保护和保存。

4.搞好文物保护、推动旅游事业的发展

保护文物的目的是为了更好地利用文物，发挥其作用，实现其价值。文物作为一项重要的旅游资源，既可吸引游客，获得经济效益和社会效益，又可通过旅游活动起到对人们的宣传教育作用，既弘扬了传统文化，又可使文物本身得到一定的保护，文物保护与旅游发展也是可以相互促进的。

旅游业的发展对文物保护也有一定的负面影响，这是事实。但我们也不能因此而将文物保护与发展旅游业对立起来。忽视负面影响，对文物只用不保，既不利于文物保护，又会损害旅游景观，从而降低经济效益。若夸大负面影响，只保不用，既违背了我们保护文物的根本目的，又无视人民群众的普遍心理需求。要在保护好文物的前提下，合理地利用文物为旅游服务，必须做到以下几点：

1）将文物保护工作纳入旅游事业的长远规划。各地政府部门和旅游主管部门应认识到文物对发展旅游事业的重要作用，深刻认识到保护文物的重要意义。在制定发展规划时，应对旅游区内的文物保护工作有明确的要求。

2）建立一整套完善的规章制度。如对级别较高的文物古迹应派专人负责，对景区内的文物古迹要经常或定期检查，从旅游的经济收入中提取相当部分，专用于景区内的文物保护工作。

3）严格控制客流量，防止超负荷地接待使文物受损；因此，对客流量应加以控制。

4）加强文物保护的宣传、教育，对有破坏行为并引起不良后果者，应采取必要的措施予以处理。

四、其他园林设施的维护

1）园林建筑小品及构筑物：保持外貌整洁，构件和各项设施完整无损；室内陈设清洁、完好；杜绝结构、装修和设备隐患（图6.90、图6.91）。

图6.90　景亭上乱刻画

图6.91　标牌上乱写字

2）道路、铺地：各种道路和铺装地面、台阶、斜坡等保持平整、清洁美观，无损缺、无积水，及时清除路面垃圾杂物，修补破损，保持完好。

3）游乐、健身设施：游乐设施均应明示生产单位及使用要求、操作规程；保持环境整洁，运转正常，色彩常新，定期进行安全检测，不得带故障运行。

4）上下水：保持管道通畅，上水无污染；外露的窨井、进水口、给水口等设施保持清洁、完整无损，杜绝隐患；防汛、消防等设备保持完好、有效，保证应急使用。

5）供电照明：输配电、煤气及照明设施保持常年完整、正常运转；照明设施保持清洁、有足够照度，无带电裸露部分，各类管线设施保持完整、安全。

6）垃圾箱及垃圾堆场：外观清洁、完整，内壁无污垢陈渍，箱内无陈积垃圾，并应实行垃圾分类。垃圾堆场必须与景区分隔，地面排水良好，场内无臭味、无蚊蝇孳生。

7）园椅、园凳：分布合理，位置固定，无损坏、松动，整洁美观。同一场地内材质、形式应相对统一。维修与油漆未干时，必须设置明显标志。

8）标牌：位置恰当，形式美观，书写端正，字迹清楚，构件完整，材质、色彩应与绿地景观、环境协调。公园入口处总体介绍说明牌，应有中英文对照。标牌设置应符合《公共信息图形符号》（GB3818）和《公共信息标志图形符号》（GB1001）的规定。

9）报廊、宣传廊：位置恰当，整洁美观，构件完好，内容丰富、健康，陈列材料应定期更换。

10）广播：设施完好，适时广播，音量不得超过 55dB。

11）停车场地：平整清洁，车位有明显标志。

12）园林绿地内所饲养的各种动物应符合城市饲养家禽家畜的有关规定，做到不影响游览休息，不影响环境卫生，杜绝疾病的传播。

第四节　其他管理

一、建立新型的管理体制

目前已有很多城市实行了绿化养护的招投标管理，建立了招投标制度。南京从 2002 年开始对建成开放的 21 处广场绿地实行招投标养护，探索一条"建管分离、优胜劣汰"的新路子，使绿化养护朝企业化、市场化转变。

对公共绿地、行道树的养护工作，如树木、草坪、花坛的浇水、施肥、修剪、除草、病虫害防治、清洁卫生、园林设施维护等，已引入市场竞争机制，实行公开招标，由绿化企业竞争承包，实行专业化管理。招标工作遵循公开、公平、公正的原则，择优选用绿化管理队伍，不仅提高了绿化经费的有效利用，而且促进了绿化养护水平的提高。

尽可能以最低的、合理的成本进行绿地的养护管理，可以利用承包人、内部员工，或者二者结合。使用内部员工更便于质量控制，因为他们必须为自己的工作质量负责，而且会为他们的成就而感到自豪。大多数情况下，采用承包形式，还是内部员工负责，或者二者兼而有之，这个决定通常是以成本、所需服务质量以及历史经验为基础的。

1. 绿地养管承包体制

绿地养管承包体制的优点如下：

1）成本较低；

2）工作高峰期作业时有充分的劳动力；

3）承包方负责员工的监督和培训；

4）承包方是行业专家，工作更有效率；

5）发包单位能以合理成本获得专门服务；

6）双方可以通过详细的契约保证工作质量。

绿地养护工作由内部员工或者契约劳力来承担，每个人都要以自己的工作为荣。培训可以让工人掌握更多的知识和技能，并且更了解自己的责任。工人们应该明白各项工作的要求和标准，有利于培养他们对工作的使命感以及对工作业绩的自豪感。时常回顾工作业绩，也可以寻求一些建议，使工作更加顺利，更加出色，而且会更加有效。

如果决定将全部或者部分工作交给承包方来执行，需要签订书面的合同文本，明确双方责任，如竞标广告、说明内容、开标时间和地点、竞标单位或部门。合同在一定程度上需要量化。签订合同前，要向承包方询问了解员工和设备状况，承接过的项目，是否适合在这个单位工作。承包方落实任务后，需要为他们提供养护管理标准以做参考。发包单位需要制定考核办法，配备一名监督人员，加强对承包企业的监督、技术指导和每月的检查考核工作，严格按考核结果拨付管护经费。

南京开林园林绿化工程有限公司除承担自身下属单位的养护管理工作外，通过招投标，目前还承包了总统府、省政府、市政府大院的绿化养护管理工作。

为了适应社会发展的需要，提高单位的市场竞争实力，以"团结、务实、开拓、创新"作为企业精神，开林园林绿化工程有限公司力争使公司的管理质量和服务水平更上一层楼。以高起点设计、高标准施工、高效能管理，促进园林绿化事业的发展，为客户提供优质的产品和服务。他们的做法是：

一是聘请专家授课，讲解树木修剪、病虫害防治、园景充实调整、古树名木保护等技术知识，脚踏实地的解决重大技术难题，指导复杂的生产实践，培养一批有理论、有实际操作能力的技术骨干。

二是做好报表、总结，与甲方经常沟通汇报工作，促使承包体制的健康发展，也为公司对市场的进一步开发创造良好的外部环境。

随着承包体制的逐渐成熟，他们与用户沟通的深度和广度都将加大。他们的这种做法是建立在自身实力基础之上的。在下关区开林公司下属的小桃园、胜利广场等单位的养护管理工作中，首先是领导重视，他们树立了品牌意识、精品意识，通过不懈的努力，使这些单位达到了出类拔萃的一流养管水平，先后评为四星级单位，成为市内园林绿地管理的示范推广样板。现在迫切需要的是系统成熟的园林绿地养护管理技术知识，让客户得到高技术的、有针对性的现场服务。产品的品质已经成为行业竞争的焦点，而那些裹足不前的企业可能就要被迫退出市场了。

2. 社会化管理给景区带来生机

以下介绍总统府通过社会化管理给景区带来了生机。

改革开放以来，我国旅游业的发展突飞猛进，取得了令人瞩目的成就。进一步推进并尽快完成景区绿地管理的改革，具有重要而深远的意义，任务艰巨，时间紧迫。

总统府景区绿地管理的改革，始终坚持旅游服务的方向，处理好经济效益与社会效益的关系。改革要有利于提高景区服务的质量和管理水平，有利于减轻景区的负担，有利于提高经济效益和保证景区的发展。

景区无论大小，绿地管理工作是不可缺少的，如绿化养护、卫生管理、安全保卫等工作。这些工作看起来似乎简单，但都会牵涉到领导者的许多精力，若将这些工作承包给有资质、有管理经验的专业单位来管理，则会减轻管理者负担，且节约财力、物力和人力，从而使领导者可以从繁重的事务性工作中解脱出来。

社会化管理工作的实施，应根据各景区的实际情况来定夺，坚持实事求是、逐步推进、讲求效益，量力而为的原则，分步实施，其运作方法如下：

1）确定承包单位。向社会公开招标，本着公开、公正、公平的原则，选定承包单位。首先要成立招标工作小组，防止暗箱操作。其次要拟订邀标书，明确工作范围、工作职责，选3~5个单位来竞标。三是由应标单位按照邀标书中提出的工作要求，制定应标书，并在规定的时间内分别述标。四是评标小组要查看他们的资质证书、工作计划、实施方案和经费预算情况，考察他们的工作业绩。从中选定一家承包单位，与其签订承包合同，合同期限一般为一年。

2）注重员工培训工作。承包单位的员工在工作中的言行举止代表的是景区的形象，为此要做好上岗前的培训工作。一是要学习景区的各项管理规定，接受文明和优质服务的教育。在景区工作，要以游客为本，一切从方便游客的参观游览出发，更不得与游客发生矛盾；二是要熟悉景区各景点的位置，了解景区的历史情况，以便为游客提供必要的服务工作；三是工作时要统一着装，并佩带工作牌，以便在工作时接受游客的监督；四是办理景区内的有关证件。

3）制定考核标准。按照景区的工作特点，制定承包工作的考核标准，明确工作职责，在承包期内要达到什么样的工作标准，实现什么样的工作目标，还要有一个便于操作的考核标准和检查评比，建立细致的奖惩细则，防止出现管理工作中的混乱现象。

4）加强检查监督。实行社会化管理以后，工作性质发生了转变，绿地的管理工作由本单位员工管理转换为承包单位的人员来实施。为此，在管理工作中，要制定工作目标、总体规划。承包单位要每周汇报一次工作计划和实施方案。管理者要认真检查上报计划的落实情况，对照合同中规定的条款逐一落实，并认真做好检查考核登记，建立奖罚分明的激励机制，防止将绿地管理工作承包出去以后放松管理，而使景观效果下降。

总统府实施社会化管理以后，给景区带来了新的管理理念，新的管理模式，还能汲取先进的管理经验，对景区的发展起到促进作用，并增添了新的生机。

二、员工培训

绿地养护管理各种规范、标准以及定额的执行，都必须有高素质的员工和高水平的工人去操作完成，所以加强园林绿化知识的积累和更新，对每一项关键技术的把握，和对具体操作程序、操作方法的掌握，就成了养护工作好坏的关键，对植物的生长及景观至关重要。因此，加强员工的技术培训，对提高园景质量，提高植物配置艺术，提高绿地的养护管理水平十分重要。

对绿化部门和公司中所有与质量活动有关的人员进行培训，使其熟悉相应岗位的专业技术知识，掌握操作技能和服务质量的规定、标准至关重要。

特种作业人员，如机动车辆驾驶人员、电工作业人员入职前，必须持有特种作业人员操作证。

对新入职员工必须接受培训及考核。培训内容：公司的基本情况、职业道德及园林绿化管理条例、公司对员工的期望和要求。经考核合格者方可上岗。

上岗培训的主要内容：熟悉岗位的基本情况（如岗位职责、人员配备、设施的分布等），掌握岗位作业指导书及相关文件、行业术语、异常情况的处理程序等。经考核成绩合格，才能发证上岗。同时，公司应定期或不定期地组织员工参加园林绿化管理工作基本知识、消防安全知识等业务技术培训。

附录 A 常用绿地布置草本花卉名录

中名	学名	科	属	形态	原产分布	观赏特点	花期（月）	习性	繁殖	应用
睡莲	Nymphaea teragona	睡莲	睡莲	多年生宿根水生花卉	分布我国等各地	花色有红、粉、黄、白、紫、蓝等	5~9	分耐寒种和热带种，水位80cm为宜	分株、播种	点缀湖塘水面
荷花	Nelumbo nucifera	睡莲	莲	多年生宿根挺水花卉	原产亚洲热带和大洋洲	花色有深红、粉红、白、淡绿、浅黄多色	6~9	喜温湿畏旱，不耐阴，水深30~120cm为宜	分藕、播种	公园、风景区及庭园水景
王莲	Victoria amazonica	睡莲	王莲	多年生宿根水生植物	原产南美亚马逊河流域	观赏其巨型叶片和花朵，花白转红色	9~10	南京地区不能露地过冬	在温室冬季播种	温室或露地水池
萍蓬草	Nuphar pumilum	睡莲	萍蓬草	多年生水生浮叶草本	分布我国、日本、俄罗斯、欧洲等地	花黄色，萼片呈花瓣状	5~7	喜温暖水润，以根茎越冬	新株繁殖、播种	遍植于湖面，亦可点缀池塘
荇菜（莕菜）	Nymphoides peltatum	龙胆	莕菜	多年生浮叶草本	广布我国及独联体等国	花鲜黄色，伞形花序	5~10	喜温暖水润，常生于淡水湖沿、池塘	叶腋中长出根系	公园、风景区点缀水面
红菱	Trapa bicornis	菱	菱	一年生浮叶草本	分布长江以南各地	叶面深绿色，有光泽，花白色	夏末初秋	喜温暖、耐深水、喜肥沃的淤泥	直播或育苗移栽	点缀水面、景观壮观
雨久花	Monochoria korsakowii	雨久花	雨久花	多年生挺水草本	分布我国及朝鲜、日本、东南亚等国	叶片呈心形，花浅蓝至蓝色	7~8	喜温暖水润，以根茎在泥中越冬	根茎分株或播种	点缀园林水景或盆栽观赏
海寿花	Pontederia cordata	雨久花	海寿	多年生挺水草本	分布美洲热带到温带	穗状花序，花瓣筒状，紫蓝色	7~10	喜温暖水湿，以根茎在泥中越冬	分株	布置园林水景或盆栽观赏
凤眼莲	Eichhornia crassipes	雨久花	凤眼莲	多年生浮水草本	产自南美洲，我国南方有分布	穗状花序，有6~12朵花，紫蓝色	自夏至秋	喜高温温湿润，深秋遇霜冻即枯萎	由腋芽长出葡萄枝	园林水景材料，具净化污水能力
大浮萍	Pistia stratiotes	天南星	大薸	浮水草本	广布于热带及亚热带	花小，淡黄或白色	夏秋	喜温暖湿润及充足的光照	匍匐茎	点缀小水面
石菖蒲	Acorus gramineus	天南星	菖蒲	多年生挺水草本	分布我国淮河以南各地	植株较矮小，肉穗花序	6~7	喜温暖，半阴及沙质黏土	分株	水中山石旁点缀或盆栽
再力花（水竹芋）	Thalia dealbata	竹芋	塔利亚	多年生挺水草本	原产美洲热带	花梗长，花紫红色，圆锥花序	6~10	喜温暖水湿，阳光充足	分株	宜成丛点缀水面或盆栽
黄菖蒲	Iris pseudacorus	鸢尾	鸢尾	多年生挺水草本	分布欧洲及西亚各国	叶片剑形，花黄色至乳白色	5~6	喜温暖水湿，喜肥土，耐寒	分株、播种	成片植于池塘浅水处
千屈菜	Lythrum salicaria	千屈菜	千屈菜	多年生挺水草本	分布世界各地	穗状花序顶生，紫红色	7~8	喜温暖水湿，光强通风，耐寒	扦插、分株	布置水景或盆栽
水葱	Scirpus tabernaemontani	莎草	藨草	多年生挺水草本	原产我国东北、西北、西南各省	秆圆柱状，光滑，花序顶生	6~9	喜温暖水湿，以根状茎在泥中越冬	分株	宜种植在池塘避风处

续表

中名	学名	科	属	形态	原产分布	观赏特点	花期（月）	习性	繁殖	应用
旱伞草	Cyperus alternifolius	莎草	莎草	多年生挺水草本	原产非洲	总苞片叶状，呈伞状生于秆顶	6~7	喜温暖水湿、适于浅水，不耐寒	分株、播种	园林水景、切花、盆栽
香蒲	Typha angustifolia	香蒲	香蒲	多年生挺水草本	分布我国东北、西北、华北、华中、华东各省	叶片带状，肉穗花序蜡烛状	6~7	地下茎于泥中休眠越冬，适于浅水，水深30~40cm	分株	公园、风景区开阔水面一侧
慈姑	Sagittaria sagittifolia	泽泻	慈姑	多年生挺水草本	我国南方各地有分布，欧亚各国有栽培	叶箭形，圆锥形总状花序，花白色	6~9	水位宜浅，以球茎在泥土中越冬	球茎顶芽无性繁殖	成片植于水际或缀于石隙间
花叶芦竹	Arundo donax var.	禾本	芦竹	多年生草本	我国南北各地有分布	叶蓝绿色，具白色条纹，花乳白色	9~12	适应各类湿润的土壤	分株	种植于水池岸旁
芒草	Miscanthus sinensis	禾本	芒	多年生草本	广布于我国各地	秋季形成白色顶生总状花序	秋季	适应各地河沟湿地	分株、播种	植于河滩观赏，也可插花
花菖蒲	Iris kaempferi	鸢尾	鸢尾	多年生宿根草本	原产我国黑龙江、辽宁、内蒙古等地	花大，有黄、白、红、堇紫、蓝等色	5~7	喜生于湿地、酸性、肥沃土壤	分株、播种	布置花境、溪流、池边湖畔
燕子花	Iris laevigata	鸢尾	鸢尾	多年生草本	原产我国及日本	花蓝紫色	5~6	喜水湿	分株、播种	布置花境、溪流、池边湖畔
溪荪鸢尾	Iris sanguinea	鸢尾	鸢尾	多年生草本	原产我国黑龙江、辽宁、内蒙古等地	花蓝色，径6~7cm，有白花等变种	5~6	耐寒，喜光，喜水湿，微酸性土	播种、分株	水边散植
德国鸢尾	Iris germanica	鸢尾	鸢尾	多年生宿根草本	原产欧洲中部	花色有白、黄、淡蓝、红紫等	5	耐寒，喜肥及肥沃、排水良好沙质壤土	分割根状茎	布置花坛、花境、林缘
鸢尾（蓝蝴蝶）	Iris tectorum	鸢尾	鸢尾	多年生宿根草本	原产我国西南、四川、陕西、浙江、江苏等	花蓝紫色	4~5	喜向阳、耐半阴、湿润、排水良好土壤	分株	树下地被、池畔、山石旁配置
马蔺	Iris lactea	鸢尾	鸢尾	多年生宿根草本	原产我国东北及日本、朝鲜等地	花蓝色	4~6	适应性强，喜阳光及干燥沙质壤土	播种、分株	庭园、路边、林缘
唐菖蒲	Gladiolus hybridus	鸢尾	唐菖蒲	多年生草本	栽培品种广布于世界各地	叶剑形，顶生穗状花序，花色丰富	5~9	喜阳、凉爽、土层深厚、肥沃、排水好	球茎栽植	花坛、花境、切花
番红花	Crocus sativus	鸢尾	番红花	多年生草本	分布欧洲南部、小亚西亚、印度、日本	花淡紫、红紫、白色、具香味	9~11	喜温暖湿润、喜阳及肥、排水良好的微碱土	分株	花坛或成片栽植
射干	Belamcanda chinensis	鸢尾	射干	多年生草本	原产我国、日本、朝鲜	花序顶生、橘黄色、有深紫红斑点	5~8	性强健、耐寒、喜阳、排水良好的壤土	播种	植于坡地、草坪或沿路条植
水仙	Narcissus tazetta var.chinensis	石蒜	水仙	多年生草本	原产我国、日本、朝鲜	顶生伞形花序，花白色，芳香	3	喜温暖湿润，喜肥，喜光及土层深厚肥沃	分植鳞茎	植于花境、溪边、疏林，亦可水养

中名	学名	科	属	形态	原产分布	观赏特点	花期（月）	习性	繁殖	应用
喇叭水仙（黄水仙）	*Narcissus pseudonarcissus*	石蒜	水仙	多年生草本	原产欧洲中部，广布世界各地	花大、黄色，副冠钟状或喇叭状	4	喜温暖湿润、夏季凉爽、耐寒	分植鳞茎	花坛、花境、坡地
晚香玉	*Polianthes tuberosa*	石蒜	晚香玉	多年生草本	原产墨西哥及南美，现广布世界各地	花白色，漏斗状，夜间极香	6~10	喜温暖湿润、阳光充足、土层深厚	分植块茎	花坛、花境、路旁、配置
韭莲（红花葱兰）	*Zephyranthes grandiflora*	石蒜	葱兰	多年生草本	原产墨西哥	花茎顶端一花，粉红色	6~9	喜温暖湿润、阳光充足、亦耐半阴	分球	花坛、花境、草地、镶边
文殊兰	*Crinum asiaticum*	石蒜	文殊兰	多年生常绿草本	原产亚洲热带地区	伞形花序，花白色、有香气	夏	喜温暖湿润、疏松、肥沃土，耐盐碱	分球、播种	庭园栽培、观叶、赏花
百子莲	*Agapanthus africanus*	石蒜	百子莲	多年生草本	原产南非	伞形花序，花漏斗状，各色品种丰富	6~8	喜温暖湿润、阳光充足、肥沃沙质壤土	分球、播种	庭园栽培、观叶、赏花
风信子	*Hyacinthus orientalis*	百合	风信子	球根花卉	分布南欧、地中海、小亚细亚	总状花序，有白、粉、黄、蓝、紫等各色品种	3~4	喜冬季温暖夏季凉爽湿润、阳光充足	分球	花坛、花境、草坪中点缀
葡萄风信子	*Muscari botryoides*	百合	蓝壶花	多年生草本	原产欧洲南部	总状花序，花蓝色	3~5	耐寒、耐阴，喜肥沃疏松、排水好沙质壤土	播种、分球	花坛、草地、坡地、边缘、林下地被
郁金香	*Tulipa gesneriana*	百合	郁金香	多年生草本	原产地中海沿岸，中亚西亚、土耳其等	花杯状，有红、黄、粉、橙、黑紫、复色等	3~5	喜凉爽、阳光充足、肥沃疏松沙质壤土	分植鳞茎	花坛、切花、盆栽
卷丹	*Lilium lancifolium*	百合	百合	多年生草本	我国广泛分布	花橙红色，下垂，花瓣反卷	7~8	喜凉爽、阳光充足、肥沃疏松沙质壤土	分球	配置林缘、草地中、花境
铃兰	*Convallaria majalis*	百合	铃兰	多年生草本	分布北半球、欧、亚、北美	总状花序，白色、下垂，浓香	4~5	喜湿润半阴、凉爽、土疏松肥沃	播种、分球	疏林下、草地中、花境、林下阴地栽植
秋水仙	*Colchicum autumnale*	百合	秋水仙	多年生草本	原产英国、欧洲黑海沿岸	花漏斗形，淡紫玫瑰红色、白、粉等	9~10	喜温凉湿润、肥沃、好沙质壤土、排水	分球	花坛、花境
火把莲	*Kniphofia uvaria*	百合	火把花	多年生草本	原产非洲南部，世界各国栽培	总状花序，花红、橙至黄色	4~5	喜温暖湿润、阳光充足、肥沃沙质壤土	播种、分株	花坛、花境、切花、成片栽植
萱草	*Hemerocallis fulva*	百合	萱草	多年生草本	原产美国，现分布我国各地	花有深紫、红、粉、金黄、橘黄等	6~8	喜光及肥沃、排水良好的土壤	分株、播种	花境、点缀山石
沙葱	*Allium mongolicum*	百合	葱	多年生草本	原产中亚，分布国内蒙古、甘肃等省	伞状花序，球形、淡紫至紫红色	7~8	耐干旱、不耐积水、喜湿润肥沃沙质壤土	分球、分株	花坛、盆栽
大花葱	*Allium giganteum*	百合	葱	多年生草本	原产中亚至喜马拉雅山区	大型球状花序，花紫红色	5~6	喜凉爽、阳光充足、肥沃、沙质壤土、忌积水	分球、播种	花境、岩石旁、草坪中、切花

续表

中名	学名	科	属	形态	原产分布	观赏特点	花期（月）	习性	繁殖	应用
大花美人蕉	Canna generalis	美人蕉	美人蕉	多年生草本	原产亚洲热带	总状花序，有红、白、黄、橙、粉、复色	6~11	喜温暖、光足、湿润深厚排水好的土壤	分割根茎	花坛、花境，有的品种可作水生栽培
芭蕉	Musa basjoo	芭蕉	芭蕉	树状草本	原产于印度尼西亚	叶美，花苞鲜红色，极为美丽	夏秋	喜温暖光足、半阴也能生长	分株	庭园墙隅、假山旁点缀
花毛茛	Ranunculus asiaticus	毛茛	毛茛	多年生宿根草本	原产亚洲、欧洲	品种多，有白、红、黄、橙等色	4~5	喜凉爽、半阴、肥沃疏松沙质壤土	分株、播种	花坛、花境
芍药	Paeonia lactiflora	毛茛	芍药	多年生宿根草本	原产我国东北、西北、华北及朝鲜、日本	品种分单瓣、复瓣、千瓣，有红、粉、白各色	4~5	喜夏季冷凉，喜光耐半阴及排水好沙质壤土	分株、播种	专类花园、花境
耧斗菜	Aquilegia vulgaris	毛茛	耧斗菜	多年生草本	原产欧洲、西伯利亚	花有蓝、紫、白色	5~7	喜肥沃、湿润、排水良好土壤	播种	花坛、花境、疏林下
姜花	Hedychium coronarium	姜	姜花	多年生草本	原产我国广东、四川、广西、亚洲热带地区	穗状花序，花白色，香浓	8~9	喜温暖、湿润、水分、光线充足土壤	分株、播种	庭院花坛、切花
桔梗	Platycodon grandiflorus	桔梗	桔梗	多年生宿根草本	原产我国、日本、朝鲜	顶生总状花序，花白色或蓝紫色	6~9	稍耐阴，喜肥沃、排水好沙质土	分株、播种	花坛、花境、岩石园
大丽花	Dahlia pinnata	菊	大丽花	多年生球根花卉	原产墨西哥高原地带	花有白、黄、粉、红、紫、复色等	6~10	畏热喜光，怕涝，喜排水良好肥沃沙质壤土	分株、扦插	花坛、花境、切花
菊芋（洋姜）	Helianthus tuberosus	菊	向日葵	多年生草本	原产北美洲，经欧洲传入中国	头状花序，花黄色	8~10	耐寒、耐瘠薄，对土壤要求不严	块茎繁殖	宜成片种植，做背景材料
勋章菊	Gazania sunshine	菊	勋章菊	多年生草本	原产南非	花晚上闭合，花黄、橙色	3~7	喜光和排水良好肥沃壤土	种子播种	花坛
锯草（千叶蓍）	Achillea millefolium	菊	蓍草	多年生宿根草本	原产欧、亚及北美	花白、黄、粉、红等	6~7	喜阳，耐半阴，适应性强	播种、分株	花境、带状栽植或坡地片植
菊花	Dendranthema morifolium	菊	菊	多年生宿根草本	原产我国	园艺品种繁多，千姿百态	10~12	喜冷凉，怕积水，喜肥沃疏松土壤	扦插、分株	花坛、花境、盆栽、展览会
亚菊	Ajania pacifica	菊	亚菊	常绿亚灌木	原产我国新疆	叶缘银白色，花小、金黄	深秋	喜冷凉，怕积水，喜肥沃疏松土壤	扦插、分株	花境
松果菊	Echinacea purpurea	菊	松果菊	多年生草本	原产北美	花紫红、白色	6~7	喜温暖、耐旱、肥沃、深厚、排水良好土壤	播种、分株	花境
紫苑	Aster tataricus	菊	紫苑	多年生草本	原产我国东北、华北、西北、朝鲜、日本	头状花序，花淡紫至蓝紫色	7~9	耐寒、耐旱、喜光及肥沃排水良好土壤	播种、扦插、分株	花坛、花境

续表

中名	学名	科	属	形态	原产分布	观赏特点	花期（月）	习性	繁殖	应用
荷兰菊	*Aster novi-belgii*	菊	紫苑	多年生草本	原产北美	花有紫、淡紫红、复色等	8~10	耐寒、喜光、对土壤要求不严	分株、扦插	花坛、花境
金鸡菊	*Coreopsis basalis*	菊	金鸡菊	多年生草本	原产美国南部	头状花序，花黄色	5~10	喜温暖、阳光足，不择土壤、耐旱、耐瘠薄	分株、播种	花坛、成片栽植
雪叶菊（银叶菊）	*Senecio cineraria*	菊	千里光	多年生草本	原产地中海地区	全株被白色绒毛，花黄色	6~9	喜阳光充足、疏松、排水良好土壤	扦插、播种	花坛、花镜、盆栽
金光菊	*Rudbeckia laciniata*	菊	金光菊	多年生草本	原产北美	头状花序，花黄色	6~9	耐寒、喜阳光及肥沃沙质土壤	播种、分株	花坛、花境、背景材料
黑心菊	*Rudbeckia hybrida*	菊	金光菊	一二年生草本	原产美国东部	舌状花黄色，管状花暗棕色	初夏至霜降	耐寒、喜阳光及肥沃沙质壤土	秋播	自然花坛
宿根亚麻（蓝亚麻）	*Linum perenne*	亚麻	亚麻	多年生宿根草本	原产欧洲，我国东北、华北有野生	聚伞花序，花淡蓝色	4~6	耐寒、喜阳光及肥沃好壤土	播种	花境
观赏蓖麻	*Ricinus communis*	大戟	蓖麻	草本或多年生灌木	原产热带非洲	叶有红、暗紫、黄铜、红色	夏季	喜光及肥沃排水良好沙质壤土	播种	地栽或盆栽
美国薄荷	*Monarda didyma*	唇形	美国薄荷	多年生宿根草本	原产北美	有许多品种，花鲜红、粉红、白色等	6~9	耐寒、喜光、喜肥沃湿润沙壤土	分株	花境、坡地、岸边
随意草（芝麻花）	*Physostegia virginiana*	唇形	假龙头花	多年生草本	原产北美	穗状花序，花深红、淡紫	9~10	耐寒、喜疏松、肥沃、排水好沙壤土	分株、播种	花坛、花境
草芙蓉（大花秋葵）	*Hibiscus moscheutos*	锦葵	木槿	多年生宿根草本	原产北美洲	花大、花色粉、红、白色	6~10	喜光、耐寒、耐热、对土壤要求不严	播种、分株	花境、丛植于路边、林缘
槭葵（红秋葵）	*Hibiscus coccineus*	锦葵	木槿	多年生宿根草本	原产美国	花大、深红色	7~9	喜光、喜肥沃、深厚、排水好黏质土	播种、分株	花境、丛植、群植
黄秋葵	*Abelmoschus moschatus*	锦葵	秋葵	多年生宿根草本	原产我国西南	花黄色，中心红褐色	夏、秋	喜光、不耐寒、耐热、喜阳光及排水好土壤	播种	自然花坛或背景材料
锦葵	*Malva sinensis*	锦葵	锦葵	二年生或多年生草本	原产亚洲、欧洲及北美洲	花淡紫色或白色	6~10	耐寒、耐干旱、喜阳光充足，不择土壤	播种、分株	花境及自然花坛
蜀葵	*Althaea rosea*	锦葵	蜀葵	多年生宿根草本	分布我国各地	花色有红、粉、紫、白、黄、青莲、墨紫	6~7	耐寒、喜阳及深厚肥沃土壤	播种、分株、扦插	自然花坛及背景材料
五色苋	*Alternanthera bettzickiana*	苋	虾钳菜	多年生宿根草本	原产墨西哥、阿根廷	叶色有黄绿、红、玫红、紫	夏秋	喜高温、阳光充足	扦插	模纹花坛、立体花坛材料

续表

中名	学名	科	属	形态	原产分布	观赏特点	花期（月）	习性	繁殖	应用
落新妇	Astilbe chinensis	虎耳草	落新妇	多年生宿根草本	分布我国长江流域及东北、西北	圆锥花序，花紫、紫红、粉红、白等	6~7	喜半阴、潮湿，喜深厚肥沃沙质土	播种、分株	树下或墙垣半阴处栽植
石碱花	Saponaria officinalis	石竹	肥皂草	多年生草本	分布欧洲、西亚、中亚、日本	伞房花序，花淡红、鲜红、白色	6~8	干燥、湿地均可生长，管理简便	播种、扦插、分株	片植
宿根福禄考	Phlox paniculata	花葱	福禄考	多年生草本	原产北美洲	圆锥花序，花有白、粉、红、淡蓝、淡紫等	6~9	喜冷凉，忌夏季炎热多雨，喜潮水	播种、扦插、分株	花坛、花境
八宝景天（蝎子草）	Sedum spectabile	景天	景天	多年生肉质草本	原产中国东北部及河北、河南、安徽等	伞房花序，花淡红色	7~8	耐寒、耐瘠薄、耐旱，喜光、忌积水	扦插为主	花坛、花境、岩石园
荷包牡丹	Dicentra spectabilis	罂粟	荷包牡丹	多年生宿根草本	原产我国北部、日本、西伯利亚	顶生总花序，花朵下垂，粉红色	4~5	耐寒、不耐高温、夏季花眠，喜半阴	分株	阴地花境
钓钟柳	Penstemon campanulatus	玄参	钓钟柳	多年生草本	原产北美洲	总状花序，花桃红、水红等	7~8	喜光、忌夏季高温干旱，宜肥沃沙质土	分株、播种	花坛、花境
紫露草	Tradescantia albiflora	鸭跖草	鸭跖草	多年生草本	原产墨西哥	花浅紫色	6~10	喜温湿、半阴，肥沃沙质土壤	扦插	花境、盆栽
丽蚌草	Arrhenatherum elatius var. tuberosum	禾本	燕麦草	多年生草本	原产欧洲	叶线形，具黄白色边缘	6~7	耐寒、耐旱，喜光、忌炎热、忌水涝	分株	花坛、草坪镶边
蒲苇	Cortaderia selloana	禾本	蒲苇	多年生大型草本	原产阿根廷	雌雄异株，雄花穗白或粉红色	9~12	喜阳光充足，土壤干燥、排水良好	分株、播种	花境、成丛、成片栽植
石蒜	Lycoris radiata	石蒜	石蒜	多年生宿根草本	原产我国、日本	伞形花序，花色鲜红	9~10	喜阴湿、不耐暴晒，喜肥	分球	地被、花旁、石旁、山
忽地笑（黄花石蒜）	Lycoris aurea	石蒜	石蒜	多年生宿根草本	分布我国南方山区	花大、花瓣稍反卷，黄色	7~9	喜阴湿、不耐暴晒，喜肥	分球	地被、花境、石旁、山
葱兰	Zephyranthes candida	石蒜	葱兰	多年生宿根草本	原产南美洲	花单生于花梗顶端，白色	7~11	喜光、耐半阴，肥沃土壤	分球	花坛、花境、地被
一叶兰（蜘蛛抱蛋）	Aspidistra elatior	百合	蜘蛛抱蛋	多年生常绿草本	原产中国南方	叶单生，半革质	3~5	喜温暖湿润，耐阴，宜肥	分株	盆栽、林下地被
沿阶草（书带草）	Ophiopogon japonicus	百合	沿阶草	多年生常绿草本	原产我国、日本	叶丛生，狭带形，墨绿色、革质	8~9	喜温暖湿润，耐阴，宜肥沃沙质壤土	分株、播种	耐阴地被，常点缀山石、带植

续表

中名	学名	科	属	形态	原产分布	观赏特点	花期（月）	习性	繁殖	应用
土麦冬	Liriope spicata	百合	山麦冬	多年生常绿草本	原产我国、日本	叶丛生、墨绿色、革质	6~8	喜温暖湿润、耐阴、宜肥沃沙质壤土	分株、播种	耐阴地被、常点缀山石、带植
阔叶土麦冬	Liriope platyphylla	百合	山麦冬	多年生常绿草本	原产我国、日本	叶宽线形、密集成丛	7~8	喜温暖湿润、耐阴、宜肥沃沙质壤土	分株、播种	耐阴地被、常点缀山石、带植
玉龙草	Ophiopogon japonicus CV.	百合	沿阶草	多年生宿根草本	原产东南亚，从我国台湾引进	植株矮小、叶常绿、观赏性强	8~9	耐寒、耐热、耐践踏、耐阴、喜排水良好沙质壤土	分株	耐阴地被、花坛缘带植
玉簪	Hosta plantaginea	百合	玉簪	多年生宿根草本	原产我国、日本	总状花序、花白色、漏斗状、具香味	6~9	耐寒、喜阴湿、宜深厚、肥沃、疏松土壤	分株、播种	耐阴地被、花坛边缘
紫萼	Hosta ventricosa	百合	玉簪	多年生宿根草本	原产我国	总状花序、花淡紫红色	6~7	喜阴湿、要求土壤深厚、肥沃、疏松及排水良好	分株、播种	地被植物
万年青	Rohdea japonica	百合	万年青	多年生常绿草本	原产我国华东、华中西南及日本	浆果肉质、红色、果期 9~11月	5~6	喜温暖、潮湿、半阴或萌蔽环境	分株、播种	地被植物
吉祥草	Reineckea carnea	百合	吉祥草	多年生常绿草本	原产我国华南、华中及日本	叶常绿、条形、深绿色	10~11	喜温暖、湿润、半阴或萌蔽环境	分株、播种	地被植物
垂盆草	Sedum sarmentosum	景天	景天	多年生肉质常绿草本	原产中国、朝鲜、日本	叶常绿、聚伞花序、花淡黄色	6~8	喜温暖、湿润、忌强光和精薄土壤	分株、播种	地被、假山石旁、花坛镶边
佛甲草	Sedum lineare	景天	佛甲草	多年生草本	原产中国云南、贵州、广东、江苏、福建等地	叶线形、花序聚伞状、黄色	4~5	耐寒、不择土壤、适应性极强	分株、扦插	屋顶绿化、地被种植
欧亚活血丹（金钱草）	Glechoma hederacea	唇形	活血丹	多年生草本	原产我国、朝鲜	植株低矮、叶心形、有花叶品种	6~9	喜光、耐半阴、对土壤要求不严	分株、播种	地被、花境、岩石园
红花酢浆草	Oxalis rubra	酢浆草	酢浆草	多年生草本	原产巴西南部	伞形花序、花粉红色、有紫色叶品种	4~11	喜阴湿、肥沃和排水良好的沙质土	分株	地被、花坛
白及	Bletilla striata	兰	白及	多年生草本	原产我国、日本	总状花序、花紫色或淡红色	4~6	喜温暖湿润气候、喜半阴、肥沃的酸性土、冬季喜光照	播种繁殖	地被
大吴风草	Ligularia tussilaginea	菊	大吴风草	多年生常绿草本	原产我国东部、日本、朝鲜	叶基生、莲座状、叶厚、头状花序、花黄色	8~12	喜半阴湿润环境	分株	树下或立交桥下地被
虎耳草	Saxifraga stolonifera	虎耳草	虎耳草	多年生常绿草本	原产我国、日本、朝鲜	叶常绿、圆锥花序、花白色	5~8	喜阴湿、肥沃和排水良好的沙质土	分株	地被、山石点缀

续表

中名	学名	科	属	形态	原产分布	观赏特点	花期（月）	习性	繁殖	应用
白车轴草（白三叶）	*Trifolium repens*	蝶形花	车轴草	多年生草本	原产欧洲地中海地区	头状花序，花白或淡红，有红花品种	5	不耐干旱、耐半阴；35℃以上，有夏枯现象	播种	地被、斜坡护土
火炭母	*Polygonum chinensis*	蓼	蓼	多年生草本	分布上海、江苏等地	叶紫色，叶面有人字形条纹	花果期 5~10	喜温暖湿润、不耐旱，忌曝晒	播种	彩叶地被、成片栽植
马蹄金	*Dichondra repens*	旋花	马蹄金	多年生草本	产我国浙江、江西、福建等地	匍匐地面	5~8	喜荫蔽或半阴、润湿、肥沃土壤	播种、分茎	地被
蔓长春花	*Vinca major*	夹竹桃	蔓长春花	蔓性半灌木	原产欧洲	常绿、低矮、花蓝色、有花叶品种	4~6	较耐阴、要求光线充足、喜疏松、排水好土壤	播种、扦插	林下地被
菊花脑	*Dendranthema nankingense*	菊	菊	多年生草本	南京地区广泛种植	绿叶期长，头状花序、黄花小而密	10~12	中性喜阳、耐一定庇荫、不惧潮湿	播种、扦插	观花地被、嫩叶食用
金叶过路黄	*Lysimachia nummularia* var.	报春花	珍珠菜	多年生蔓性草本	原产亚洲和北美	常绿、株矮、叶金黄色、花黄	6~7	喜绿、耐寒、喜肥沃湿润排水好壤土	扦插	地被
丝带草（花叶蘆草）	*Phalaris arundinacea var.picta*	禾本	蘆草	多年生草本	原产我国东北、华北、华中、华东地区	叶线形、有白色或黄色条纹、似玉带	6~7	生于潮湿地、浅水区	分株	花坛、花境
半支莲	*Portulaca grandiflora*	马齿苋	马齿苋	一年生草本	原产巴西	花有紫红、鲜红、粉、白、黄、橙等	6~10	喜光、耐旱、忌酷热和多雨	播种、扦插	花坛
美国马齿苋	*Portulaca oleracea var.*	马齿苋	马齿苋	作一年生栽培	原产美国南部	花有红、淡紫、黄等	6~10	喜光、稍阴也能生长、耐高温干旱	扦插	观花地被、花坛
长春花	*Catharanthus roseus*	夹竹桃	长春花	作一年生栽培	原产非洲东部	品种有白、粉、黄等色	7~10	喜光充足和肥沃疏松土壤	播种、扦插	花坛、花境、盆栽
醉蝶花	*Cleome spinosa*	白花菜	白花菜	一年生草本	原产美洲热带、西印度群岛至北美	总状花序顶生、花有粉、紫、白等色	8~11	喜温、不耐寒、喜干燥温暖环境	播种、能自播	花境或丛植、片植
银边翠	*Euphorbia marginata*	大戟	大戟	一年生草本	原产北美	叶边缘白色或全部白色	7~10	喜阳、不耐寒、宜疏松土壤	播种	花境
蛇目菊	*Coreopsis tinctoria*	菊	金鸡菊	一年生草本	原产北美中部	舌状花单轮、黄色、基部褐红色	5~8	较耐寒、不喜酷热、耐干旱及瘠土	播种	花丛
天人菊	*Gaillardia pulchella*	菊	天人菊	一年生草本	原产北美	舌状花黄色、基部褐红色	4~5	耐炎热及干旱瘠薄、喜阳、耐半阴	播种	花坛、片植
美兰菊（黄帝菊）	*Melampodium lemon*	菊	腊菊花	作一年生栽培	原产中美洲	花小、黄色、多花	夏季	耐热性强、生育温 15~20℃	播种	花坛、盆栽

续表

中名	学名	科	属	形态	原产分布	观赏特点	花期（月）	习性	繁殖	应用
波斯菊	Cosmos bipinnatus	菊	秋英	一年生草本	原产墨西哥	花白、粉、紫等色	9~10	喜阳光充足，对土壤要求不严，怕积水	播种、扦插	花境、群植、片植
藿香蓟	Ageratum conyzoides	菊	胜红蓟	作一年生栽培	原产热带美洲	花有天蓝、蓝、粉、白色	10~11	喜光，不耐寒，怕酷热	播种、能自播	花坛、花带、花境
百日草	Zinnia elegans	菊	百日草	一年生草本	原产墨西哥	花有白、黄、红、橙等	6~10	性强健，喜光照，要求肥沃、排水好土壤	播种、扦插	花坛、花境
万寿菊	Tagetes erecta	菊	万寿菊	一年生草本	原产墨西哥	花黄色、橙黄色	5~11	喜阳，耐半阴，抗性强，病虫害少	播种、扦插	花坛、花境
孔雀草	Tagetes patula	菊	万寿菊	一年生草本	原产墨西哥	花黄色、橙色、棕红色	5~11	喜阳，耐半阴，抗性强，病虫害少	播种、扦插	花坛、盆栽
翠菊	Callistephus chinensis	菊	翠菊	一年生草本	原产我国东北部	品种有红、白、蓝、粉、紫等色	9~10	对土壤要求不严，忌连作	播种	花坛、花带、切花
向日葵	Helianthus annuus	菊	向日葵	一年生草本	原产北美	花黄、橙黄等，有矮生、大花品种	6~10	喜光和肥沃土壤	播种	庭院、盆栽
白晶菊（小白菊）	Chrysanthemum Paludosum	菊	茼蒿	一二年生草本	原产北非、西班牙	株矮、多花、花白色黄心	3~5	喜光和肥沃、疏松深厚土壤	播种	花坛、盆栽
美女樱	Verbena hybrida	马鞭草	马鞭草	作一年生栽培	原产南美巴西	穗状花序，有白、粉、红、蓝、紫色	6~10	喜光，疏松深厚土壤，较耐寒，耐半阴	扦插、播种	花坛
细叶美女樱	Verbena tenera	马鞭草	马鞭草	作一年生栽培	原产巴西南部	花紫色	6~11	喜光，肥沃及排水良好的沙壤土	扦插、播种	花坛
紫茉莉	Mirabilis jalapa	紫茉莉	紫茉莉	作一年生栽培	分布热带美洲	花紫红、黄色，有红、粉、紫、白等品种	6~9	喜肥沃疏松土壤，耐半阴	播种、能自播	成片种植
观赏辣椒	Capsicum frutescens var.	茄	辣椒	一年生草本	分布于美洲	浆果熟后红色、黄色、紫色	果8~10	喜阳	播种	花坛、花境、盆栽
千日红	Gomphrena globosa	苋	千日红	一年生草本	原产印度及南美	花序头状，圆球形，花紫红、淡红、白色等	7~10	喜阳	播种	花坛
雁来红	Amaranthus tricolor	苋	苋	一年生草本	原产亚洲热带	初秋顶叶红、橙、黄或红、黄、绿三色	7~10	喜光、耐碱，宜排水良好的沙壤土	播种、扦插	花境、丛植
鸡冠花	Celosia cristata	苋	青葙	一年生草本	原产印度	花序顶生，呈红、黄、紫、白等色	5~10	喜光、炎热，喜干燥及沙质土壤，不宜过湿、过肥	播种、能自播	花坛、花境、盆栽

续表

中名	学名	科	属	形态	原产分布	观赏特点	花期（月）	习性	繁殖	应用
鼠尾草	*Salvia farinacea*	唇形	鼠尾草	作一年生栽培	原产美国	总状花序，花蓝紫色，有粉色品种	9~10	喜光，耐半阴，忌干热，喜肥沃深厚土壤	播种、扦插	花坛、花境、成丛成片栽植
一串红	*Salvia splendens*	唇形	鼠尾草	作一年生栽培	原产南美	总状花序，花鲜红色，有白、紫品种	4~6 8~11	喜温暖湿润，阳光充足，不耐寒	播种、扦插	花坛、花境、盆栽
彩叶草	*Coleus blumei*	唇形	鞘蕊花	作一年生栽培	原产印度尼西亚	叶有绿、黄、红紫、朱红等斑纹品种	8~10	喜阳光充足	播种、扦插	花坛、盆栽
凤仙花	*Impatiens balsamina*	凤仙花	凤仙花	一年生草本	原产印度、中国、马来西亚	花有红、粉、洋红、雪青、白、紫等	6~9	喜炎热，阳光充足	播种、能自播	花坛、花境
地肤（扫帚草）	*Kochia scoparia*	藜	地肤	一年生草本	原产欧、亚两洲	叶线形，细密，绿色，秋后转红色	观赏期夏秋	喜光，耐修剪，耐碱土，耐炎热和瘠薄土壤	播种	宜丛植或作作花篱
月见草（待霄草）	*Oenothera odorata*	柳叶菜	月见草	一年生草本	原产美洲	花黄色，有芳香	6~9	喜光充足，喜排水良好沙质壤土	播种、能自播	花坛、花境、片植
夏堇	*Torenia fournieri*	玄参	蓝猪耳	一年生草本	原产亚洲南部亚热带地区	花唇形，蓝紫、粉、白等色	夏秋	喜半阴及疏松、肥沃、排水良好土壤	播种	花坛、半阴处作地被
金鱼草（龙头花）	*Antirrhinum majus*	玄参	金鱼草	作二年生栽培	原产地中海沿岸	顶生总状花序，有白、黄、粉、红、紫等色	4~6	喜阳，耐半阴，不耐酷热	播种、扦插	花坛、花境
毛地黄	*Digitalis purpurea*	玄参	毛地黄	作二年生栽培	原产欧洲西部	总状花序，有白、粉、浅紫等色	6~8	耐寒，喜阳，耐半阴，略耐干旱	播种、分株	花坛、花境
诸葛菜（二月兰）	*Orychophragmus violaceus*	十字花	诸葛菜	二年生草本	原产我国东北、华北	总状花序，花蓝紫色	3~4	耐寒，性强健，不择土壤，耐半阴	播种、能自播	成片栽植作林下地被
福禄考	*Phlox drummondii*	花葱	天蓝绣球	二年生草本	原产北美南部	品种有红、粉、白、雪青、紫红复色	5~6	喜温暖，忌酷寒，忌碱土，不耐旱	播种、扦插	花坛
金盏菊	*Calendula officinalis*	菊	金盏花	二年生草本	原产欧洲南部	品种有橙黄、黄色	3~5	气温超过25℃，则生长不良	播种	花坛
雏菊	*Bellis perennis*	菊	雏菊	作二年生栽培	原产欧洲	品种有白、粉、红色等	3~5	耐寒，怕炎热	播种	花坛
矢车菊	*Centaurea cyanus*	菊	矢车菊	二年生草本	原产欧洲东南部	头状花序，有蓝、紫、白、粉等色	4~6	喜光，耐寒，不耐移植	播种、可自播	花坛、花境、切花
滨菊（西洋滨菊）	*Chrysanthemum leucanthemum*	菊	滨菊	作二年生栽培	原产英国、大滨菊原产欧洲	头状花序，舌状花白色，管状花黄色	5~6	喜光，耐寒	播种、分株	花坛、花境、切花

续表

中名	学名	科	属	形态	原产分布	观赏特点	花期（月）	习性	繁殖	应用
石竹	Dianthus chinensis	石竹	石竹	作二年生栽培	分布我国南北各地	圆锥状聚伞花序，花红、粉、白	4~6	耐寒、怕热、喜阳光、忌水涝耐旱	播种、扦插	花坛、花境
须苞石竹（十样锦）	Dianthus barbatus	石竹	石竹	作二年生栽培	原产欧、亚两洲	花白、粉、红、紫等	5~6	耐寒、怕热、喜阳光、忌水涝耐旱	播种、扦插	花坛、花境
常夏石竹（地被石竹）	Dianthus plumarius	石竹	石竹	作二年生栽培	原产奥地利、前苏联西伯利亚	花白、粉、紫、复色、具香味	5~10	耐寒、怕热	播种	地被
高雪轮	Silene armeria	石竹	蝇子草	二年生草花	原产欧洲南部	花淡红、玫红、白色、复聚伞花序	4~6	耐寒、喜光、喜肥沃、排水良好湿润土壤	播种	花坛、花境
矮雪轮	Silene pendula	石竹	蝇子草	二年生草花	原产地中海	花有白、淡紫、浅粉、玫红等	4~5	耐寒、喜光、喜肥沃、排水良好湿润土壤	播种	花坛、花境
霞草（满天星）	Gypsophila elegans	石竹	丝石竹	二年生草花	原产前苏联高加索	花小，白或水红色	4~6	耐寒、喜阳、耐瘠薄干旱、喜石灰性土壤	播种	花坛、花境、切花
虞美人	Papaver rhoeas	罂粟	罂粟	二年生草花	原产欧洲、亚洲	花单生，深红、紫红、洋红、粉、白、复色等	3~5	需阳光充足，喜排水良好沙质土	播种	花坛、成片种植
花菱草	Eschscholtzia californica	罂粟	花菱草	作二年生栽培	原产美国加利福尼亚州	花黄、橙黄、白色、园艺品种色彩丰富	4~5	耐寒、喜阳、具长主根、大苗不宜移植	播种	花坛、花带、花境
紫罗兰	Matthiola incana	十字花	紫罗兰	作二年生栽培	原产欧洲南部	总状花序，花紫、紫红、粉、白等色	4~5	喜冷凉，耐干旱，以中性偏碱壤土为佳	播种	花坛、花境
桂竹香	Cheiranthus cheiri	十字花	桂竹香	作二年生栽培	原产欧洲南部	总状花序，花有黄、橙褐色等芳香	4~5	喜冷凉，不耐酸性土	播种	花坛、花境
七里黄	Cheiranthus allionii	十字花	桂竹香	作二年生栽培	分布我国东北、华北、陕西、江苏、四川	圆锥状总状花序，花鲜黄色	4~5	喜寒，忌酷热，喜阳	播种	花坛、花境
红菾菜（红叶甜菜）	Beta vulgaris var. cicla	藜	菾菜	二年生草本	原产南欧	叶丛生，肥厚，有光泽，暗紫红色	观赏期11月至翌年3月	喜光，耐半阴，喜肥，耐寒	播种	花坛、花境、盆栽
羽衣甘蓝（叶牡丹）	Brassica oleracea	十字花	甘蓝	二年生草本	原产欧洲	叶大，品种多，有纯白、淡黄、肉色、紫红等	观赏期12月至翌年3月	耐寒，喜阳光充足，宜疏松肥沃土壤	播种	花坛、盆栽
香雪球	Labularia maritima	十字花	香雪球	作一二年生栽培	原产地中海沿岸	总状花序，花小，白或淡紫、紫等色	4~5	耐寒，忌酷热，宜向阳或半阴处栽植	播种	地被、花坛、盆栽

续表

中名	学名	科	属	形态	原产分布	观赏特点	花期（月）	习性	繁殖	应用
矮牵牛	Petunia hybrida	茄	碧冬茄	作一二年生栽培	原产南美洲	花有白、粉、蓝、紫、洋红、紫红、复色等	4~6 9~10	喜向阳，忌雨涝，宜肥沃沙质壤土	播种	花坛、盆栽
翠雀花	Delphinium grandiflorum	毛茛	翠雀花	作二年生栽培	原产南欧	总状花序，花有粉、白、红、紫蓝、紫色等	5~6	喜冷凉，喜光，宜肥沃排水良好土壤	播种	花坛、切花
羽扇豆（鲁冰花）	Lupinus Polyphyllus	蝶形花	羽扇豆	作一二年生栽培	原产北美	总状花序，花蓝紫、白、红、黄、粉、橙	5~6	喜光，不耐寒，要求夏季凉爽，忌炎热多雨	播种	花境、盆栽
六倍利（山梗菜）	Lobelia erinus	山梗菜	山梗菜	作一二年生栽培	原产南非	总状花序，花浅蓝或紫蓝色	4~6	喜阳或半阴之地，忌酷热，不耐寒	播种	花坛、花境
半边莲	Lobelia chinensis	桔梗	半边莲	作一二年生栽培	原产中国、印度、越南、朝鲜、日本	花粉红、白色、近唇形	4~5	半耐寒，喜冷凉，忌炎热，喜光，稍耐阴	播种、分株、扦插	花坛、地被、路边、草坪、点缀水边
三色堇	Viola tricolor	堇菜	堇菜	作二年生栽培	原产欧洲	有三色、纯紫、蓝、白、砖红、橙色等	3~5	耐寒，喜冷凉气候和肥沃疏松土壤	播种	花坛
角堇	Viola cornuta	堇菜	堇菜	草甸状，高30cm	原产西班牙	有紫蓝、白、紫、大花等品种	3~7	喜凉爽环境，耐寒，耐热，喜光照	播种	花坛、地被
牵牛花	Pharbitis nil	旋花	牵牛	一年或多年生缠绕草本	原产亚洲和非洲热带，日本多	花有白、红、蓝、紫、灰、复色	5~10	喜温暖向阳，忌高温，耐干旱瘠薄	播种	花架、篱垣、围栏栽植
羽叶茑萝	Quamoclit pennata	旋花	茑萝	一年生蔓性草本	原产美洲淋带	花有鲜红、纯白、彩色	7~10	喜阳光充足，耐干旱瘠薄，对土要求不严	播种	适于攀援篱笆、栏杆
栝楼	Trichosanthes kirilowii	葫芦	栝楼	多年生草质藤本	分布中国北部至长江流域，日本亦产	果实球形，熟时黄色	7~8	喜阳光充足	播种	适于高棚、花架、墙垣壁隅
苦瓜	Momordica charantia	葫芦	苦瓜	一年生攀缘草本	原产亚洲热带地区	果实纺锤形，幼果绿色，熟时橙黄	—	生长适温 20~25 ℃，喜光、耐肥、耐旱	播种	庭院棚架或篱垣栽植
小葫芦	Lagenaria siceraria var.microcarpa	葫芦	葫芦	一年生蔓性草本	原产欧亚大陆热带地区	成熟果淡黄白色，果皮木质	花 6~8，果 7~10	喜阳光充足、肥沃、良好土壤	播种	庭院棚架观花、观果
金瓜	Cucurbita pepo var.	葫芦	南瓜	一年生蔓性草本	原产南美洲	品种形状各异，果实有黄、橙等色（同属变种金瓜）	花 7~10，果 10	喜肥沃湿润土壤，不耐寒，忌炎热	播种	庭院棚架、果形、果色奇特美观

附录 B　常用园林绿化树种名录

中名	学名	科	属	形态	原产分布	观赏特点	花期（月）	果期（月）	习性	繁殖	应用
雪松	Cedrus deodara	松	雪松	常绿乔木	喜马拉雅山西部等地	塔形树冠	10~11	翌年10	喜阳、稍耐阴，忌淹水	播种 扦插	园林中孤植、丛植
日本五针松	Pinus Parviflora	松	松	常绿乔木	原产日本，我国长江流域等地栽培	针叶5针一束、短、姿态优美	5中	翌年10~11	喜干燥、耐阴，怕炎热，喜疏松肥沃土壤	播种 扦插	庭园配置
火炬松	Pinus taeda	松	松	常绿乔木	原产美国东南部，分布长江以南	树干通直，针叶3针一束	3~4	翌年10~11	耐干燥瘠薄，不耐积水和盐碱地	播种	在园林中丛植或片植
湿地松	Pinus elliottii	松	松	常绿乔木	原产北美及古巴，主要分布长江以南	树干通直，枝叶2或3针并存	3~4	翌年10~11	喜温暖湿润、喜光、耐水湿，不耐涝	播种	庭园配置或绿篱
白皮松	Pinus bungeana	松	松	常绿乔木	陕西、甘肃、江苏、浙江等地	树皮淡灰绿色或粉白色，针叶3针一束	4~5	翌年10~11	阳性树种，耐旱、耐寒，对土壤适应性较强，忌积水	播种	庭园配置
冷杉	Abies fabri	松	冷杉属	常绿乔木	产于东北、华北、西北、西南等地	树干端直，树姿美观	4~5	10	耐寒、耐阴，喜凉润、喜湿的高山环境	播种	庭园配置
罗汉松	Podocarpus macrophyllus	罗汉松	罗汉松	常绿乔木	原产云南省，长江流域以南均有栽培	树形优美	4~5	8~9	耐阴，为半阴性树，喜温暖，多湿、排水良好的沙质壤土	嫁接 扦插	庭园配置、列植
柳杉	Cryptomeria fortunei	杉	柳杉	常绿乔木	原产长江流域以南及河南、云南、贵州等省	树体高大，雄伟壮观	3~4	10~11	略耐阴、耐湿，怕夏季酷热或干旱，怕积水	扦插	庭园配置
柏木	Cupressus funebris	柏	柏木	常绿乔木	长江流域以南有分布，以四川、湖北、贵州栽培最多	枝叶茂密，小枝下垂	4	翌年5~6	喜光，稍耐水湿，在石灰岩山地钙质土上生长良好	播种	庭园配置
圆柏	Sabina chinensis	柏	圆柏	常绿乔木	南至两广，北至辽宁，东起华东各省都有分布	树形优美	4	翌年10	喜光，耐阴性较强，耐寒、耐热，对土壤要求不严	扦插 播种	庭园配置、列植
龙柏	Sabina chinensis cv. 'Kaizuca'	柏	圆柏	常绿乔木	南至两广，北至辽宁，东起华东各省都有分布	树冠塔形，枝扭转向上	4	翌年10	喜光，耐阴性较强，耐寒、耐热，对土壤要求不严	扦插	庭园配置、列植
北美圆柏（铅笔柏）	Sabina virginiana	柏	圆柏	常绿乔木	原产北美，我国黄河以南有栽培	树体高大，通直壮观	3	10~11	耐旱、耐热，对各种气候、土壤的适应能力均强	播种 扦插	庭园配置、列植
红豆杉	Taxus chinensis	红豆杉	红豆杉	常绿乔木	原产甘肃、陕西、四川、贵州、湖南、云南、安徽等省	树形端正	4~5	种子3年成熟	耐阴，喜生于含有机质的湿润土壤，喜空气湿度大	播种 嫁接	行道树、庭阴树
粗榧	Cephalotaxus sinensis	三尖杉	三尖杉	常绿小乔木或灌木	我国特有，产于江苏南部、浙江、安徽、福建、广东等地	四季常青，叶形美	4	翌年10	阳性，喜温暖、喜富含有机质的壤土	嫁接	宜与其他树种配置
广玉兰	Magnolia grandiflora	木兰	木兰	常绿乔木	原产北美洲东南部，我国长江以南或以北有栽培	树姿雄伟壮丽，花大芳香	5~7	9~10	阳性，喜温暖湿润气候，喜肥沃而排水良好的酸性土	嫁接	宜与其他树种配置
乐昌含笑	Michelia chapensis	木兰	含笑	常绿乔木	产于江西南部、湖南南部、广西、广东等地	四季常青	3~4	8~9	阳性，喜温暖湿润气候，选择小气候温暖湿润的地方栽植	嫁接	庭园配置

续表

中名	学名	科	属	形态	原产分布	观赏特点	花期（月）	果期（月）	习性	繁殖	应用
深山含笑	Michelia maudiae	木兰	含笑	常绿乔木	产于浙江、福建、湖南、广西、贵州	四季常青，花白色，芳香	2~3	9~10	选择小气候温暖的地方栽植	播种	庭园配置
枇杷	Eriobotrya japonica	蔷薇	枇杷	常绿乔木	分布甘肃、陕西、河南及长江流域	树干整齐美观，叶大荫浓，结黄果可食	10~12	翌年5~6	喜光，稍耐阴，稍耐寒，喜肥沃湿润而排水良好之土壤	嫁接	配置在庭园中，作庭荫树
红叶石楠	Photinia x Frasery	蔷薇	石楠	常绿小乔木或灌木	分布长江流域以南地区	叶色鲜艳夺目，观赏性强，花色好	4~5	—	耐土壤瘠薄、耐盐碱、耐干旱、耐阴，耐修剪，喜强光照	扦插	绿篱、群植
椤木石楠	Photinia davidsoniae	蔷薇	石楠	常绿阔叶乔木	产于我国东南部海拔600m以下地区	四季常青，枝叶浓密	5	11	耐寒，耐高温干旱，耐瘠薄	播种扦插	庭园树丛、绿篱
石楠	Photinia serrulata	蔷薇	石楠	常绿乔木或灌木	分布陕西、江苏、江西、湖北、湖南、云南等省	早春嫩叶鲜红，秋冬又结红果	5	10~11	喜光，喜肥沃湿润土壤，耐寒	播种扦插	园林中孤植、丛植
樟树	Cinnamomum camphora	樟	樟	常绿乔木	原产东南沿海，分布长江流域、两广、浙、中国台湾等	树干通直整齐，枝叶浓密	5	9	喜光，稍耐阴，喜温暖湿润气候及微酸性土壤，耐短期水淹	播种	配置在庭园中，做庭荫树
月桂	Laurus nobilis	樟	月桂	常绿小乔木	原产地中海一带	四季常青	3~5	6~9	喜温暖湿润气候	扦插	选择避风温暖环境栽植
红果冬青	Iler corallina	冬青	冬青	常绿乔木	原产湖北、西南，分布长江以南地区	树干直立，花淡紫红色，果深红色	5~6	10~11	喜光，耐阴，不耐寒，喜肥沃的酸性土	播种扦插	庭院观赏、孤植、群植
枸骨	Ilex cornuta	冬青	冬青	常绿小乔木或灌木	分布长江中下游，江苏、西、四川等省	叶形奇特，入秋红果累累	4~5	10~11	喜光，喜排水良好酸性肥沃土壤	播种扦插	庭园配置
苦丁茶	Ilex kudingcha	冬青	冬青	常绿乔木	产于广东、广西、云南、湖北、湖南、福建等地	四季常青，树枝和叶形优美，叶片可制茶	4~5	10	喜排水良好的酸性肥沃土壤及温暖湿润气候	播种扦插	庭园配置，叶可制茶
油茶	Camellia oleifera	山茶	山茶	常绿乔木	我国特产，长江以南均有栽培	花白色，冬季开花	12~翌年1	翌年秋季	喜光，耐较瘠薄土壤，适应性强	播种	在园林中丛植或片植
山茶花	Camellia japonica	山茶	山茶	常绿小乔木或灌木	原产我国，分布浙、赣、川及长江流域等地	品种丰富，花色多样	2~4	—	喜温湿润，忌烈日，喜半阴，忌干燥，宜微酸性土壤	扦插嫁接	庭园配置
女贞	Ligustrum lucidum	木犀	女贞	常绿乔木	原产我国和日本，山东、江西、江苏、广东、中国台湾有分布	四季常青，树形优美	5~7	11~12	喜光，稍耐阴，喜温暖湿润、酸性或微碱性土壤	播种	庭园配置或绿篱
桂花	Osmanthus fragrans	木犀	木犀	常绿乔木或灌木	产于我国西南部，河北、江苏、浙江、江西、广东栽培	终年翠绿，秋季开花，香气浓溢	9~10	翌年5	喜光，喜温湿润和排水良好的沙质土壤，喜肥	嫁接扦插	庭园配置
杜英	Elaeocarpus decipiens	杜英	杜英	常绿乔木	产于浙江、江西、湖南、福建、中国台湾等地	冬、春季部分叶片绯红	6~8	10~11	稍耐阴，喜温暖湿润环境及酸性土壤	播种	行道树或庭荫树
杨梅	Myrica rubra	杨梅	杨梅	常绿乔木	原产我国，分布于长江流域以南地区	叶厚革质，四季常青，果可食	4	6~7	喜温暖湿润气候，耐阴，不耐强烈日照，不耐寒	播种嫁接	植干小气候好的温暖地
棕榈	Trachycarpus fortunei	棕榈	棕榈	常绿乔木	原产我国，长江以南各省栽培	枝干通直，伞形，叶大如扇，体形挺拔	4	11	阴性，喜温暖多雨及粘质肥沃湿润土壤	播种	庭园配置

续表

中名	学名	科	属	形态	原产分布	观赏特点	花期(月)	果期(月)	习性	繁殖	应用
苏铁	Cycas revoluta	苏铁	苏铁	常绿棕榈状植物	原产我国南部，日本、印尼	树形古朴美观，四季长青，叶形奇特	7~8	10	宜在温暖向阳、小气候环境好处种植	播种、分蘖	盆景、布置庭院
金钱松	Pseudolarix amabilis	松	金钱松	落叶乔木	产于江苏南部、浙江、安徽南部等地	叶秋后呈金黄色、树干通直	4~5	10~11	不耐干旱瘠薄，也不适应盐碱地和积水的低洼地，喜光	播种	风景林或庭院
池杉	Taxodium ascendens	杉	落羽杉	落叶乔木	原产北美南部，分布长江南北	树姿塔形，树干挺直，枝叶婆娑	3	11	喜光，不耐阴、耐涝、耐旱，酸性及微酸性土壤	扦插、播种	宜在水旁种植
水杉	Metasequoia glyptostroboides	杉	水杉	落叶乔木	产于四川东部、湖北西部	姿态优美，叶形秀丽	2~3	11	喜光，喜深厚肥沃的酸性土，耐涝	播种、扦插	庭园配置、列植
墨西哥落羽杉	Taxodium mucronatum	杉	落羽杉	落叶乔木	产于墨西哥及美国西南部	树干挺直，枝条婆娑	5	翌年10	喜光，不耐阴、耐涝、耐寒	播种、扦插	低湿地造林、庭园观赏
中山杉	Ascendens mucronatum	杉	落羽杉	半常绿乔木	产于江苏、湖北	树干挺直，树形美观，绿色期长	—	10	耐盐碱、耐水湿，抗风性强，病虫害少	扦插	农田林网、滩涂造林、城市绿化
银杏	Ginkgo biloba	银杏	银杏	落叶乔木	原产我国，分布广，辽宁以南各地栽培	树姿雄伟	5	6~10	耐寒、耐旱、喜光、喜温	播种、嫁接	行道树、庭荫树
玉兰	Magnolia denudata	木兰	木兰	落叶乔木	原产我国，华北、陕西等省有栽培	花大、洁白、芳香，有红、黄等品种	2~3	9~10	喜光、耐阴、耐寒，宜栽于土壤肥沃、排水良好的酸性沙质壤土	嫁接	风景区及庭院配置
二乔木兰	Magnolia soulangeana	木兰	木兰	落叶乔木	原产我国，华北、陕西等省有栽培	花大美丽，花外面淡紫色、里面白色，有香气	3	9~10	耐寒、耐旱、怕水淹、喜肥沃湿润排水良好的沙壤土	嫁接	宜与其他树种配置
厚朴	Magnolia officinalis	木兰	木兰	落叶乔木	我国特产，黄河以南各大城市有栽培	叶大浓荫	5	8~10	喜光、耐侧方庇荫，喜温凉湿润气候及肥沃、排水良好土壤	播种	配置在庭园中，作庭荫树
鹅掌楸	Liriodendron chinense	木兰	鹅掌楸	落叶小乔木	原产江西庐山、山东，分布长江以南各省	叶形奇特，入秋叶色金黄，花大秀丽	4~5	10	喜光，喜温暖、湿润气候及深厚肥沃、排水良好之沙质壤土	播种	庭荫树和行道树
北美鹅掌楸	Liriodendron tulipifera	木兰	鹅掌楸	落叶乔木	原产美国东南部，我国青岛、南京、杭州等地有栽培	花形美丽，树形高大雄伟，叶形奇特	5~6	10	喜光、耐寒、喜肥沃、深厚、湿润及排水良好之土壤	播种	庭荫树、行道树
杂种鹅掌楸	Liriodendron chinense x tulipifera	木兰	鹅掌楸	落叶乔木	原产中国，分布长江流域以南各省	叶形马褂状，花黄色，具清香	5	10	喜光，喜温凉、湿润气候，在干旱和湿洼地生长不良	播种、扦插	孤植、丛植、列植、片植
山楂	Crataegus pinnatifida	蔷薇	山楂	落叶小乔木	产于我国北部、河北、河南、山东、山西有栽培	叶形美观，秋季变红，果实鲜红	5~6	10	喜光，稍耐阴，耐寒，耐干旱瘠薄	播种	庭荫树孤植，丛植
木瓜	Chaenomeles sinensis	蔷薇	木瓜	落叶小乔木	分布山东、陕西、江苏、浙江等地	花美味香	4~5	8~10	喜光、耐寒，喜排水良好的土壤	播种、嫁接	配置于庭园
西府海棠	Malus micromalus	蔷薇	苹果	落叶小乔木	分布我国北方各地	春天观粉红色花，秋天观红果	3	8~9	喜光、耐寒，喜湿、忌水涝，忌空气过湿	嫁接	庭园观花、观果
垂丝海棠	Malus halliana	蔷薇	苹果	落叶小乔木	分布江苏、浙江、陕西、四川等省	花粉红色，花繁色艳，花朵下垂	3~4	9~10	喜光，喜温湿湿润气候，对土壤要求不严	嫁接	庭园观花、观果

续表

中名	学名	科	属	形态	原产分布	观赏特点	花期（月）	果期（月）	习性	繁殖	应用
紫花海棠	Malus purple	蔷薇	苹果	落叶小乔木	分布江苏等省	叶、花、果均为紫红色，果实较大，量多	3~4	9~10	喜温暖气候，喜光，不耐阴，干旱，怕积水	嫁接	庭园观花、观果
李	Prunus salicina	蔷薇	李	落叶小乔木	分布东北、华北、华东、华中，现南北各地有栽培	花白色，既观花又观果	4	7~8	耐寒，怕涝，喜排水较好的沙质壤土	嫁接	庭园配置
红叶李（紫叶李）	Prunus cerasifera var.	蔷薇	李	落叶小乔木	原产亚洲西南部，在上海、江苏、浙江一带广为应用	嫩叶鲜红，老叶紫红	3	7	喜光，喜温暖湿润气候，对土壤要求不严	嫁接	观叶风景树
杏	Prunus armeniaca	蔷薇	李	落叶乔木	原产亚洲西部，分布东北、华北、西北、华东各省	花稠密而美丽，淡粉红色，果黄色可食	3	6~7	喜阳，耐寒，耐旱，耐热，对土壤要求不严，不耐涝	嫁接	观花风景树
梅花	Prunus mume	蔷薇	李	落叶乔木	原产我国西南地区，分布华南以南，长江流域各省	花色粉红、红、白、绿	2~3	6~7	喜温暖湿润气候，对土壤要求不严，忌积水	嫁接	观花风景树
美人梅	Prunus mume x cerasifera	蔷薇	李	落叶小乔木	园艺杂交种，由梅花与红叶李杂交而成	叶紫红色，花粉红色、白、绿，先花后叶	3~4	—	喜光，要求深厚肥沃土壤	嫁接、扦插	庭园观赏
樱桃	Prunus pseudocerasus	蔷薇	李	落叶小乔木	分布河北、山东、山西、江苏等省	花白色，果红色可食	4	5~6	喜光，喜肥沃、排水良好的沙质壤土	扦插、分株	观花、观果树
日本樱花	Prunus yedoensis	蔷薇	李	矮生落叶小乔木	原产日本，分布我国辽宁、河北、安徽、江苏、浙江等省	花淡红、白色，春天开花烂漫	3~4	7	喜光，喜深厚肥沃而排水良好之土壤	嫁接	宜配置于庭园及园路旁
日本晚樱	Prunus serrulata var.	蔷薇	李	落叶乔木	原产日本，分布我国华北及长江流域各地	花大，粉红色，重瓣而下垂	4	—	喜光，喜深厚肥沃而排水良好之土壤	嫁接	宜配置于庭园及园路旁
碧桃	Prunus persica var.	蔷薇	李	落叶小乔木	原产我国北部及中部地区	花粉、白、红、复色	3~4	5~9	喜光，耐旱，耐高温，不耐水淹，喜排水良好的沙质壤土	嫁接	庭园、池畔配置
紫叶桃	Prunus persica f.	蔷薇	李	落叶小乔木	原产我国北部及中部地区	花红色，叶紫红	3~4	5~9	喜光，耐旱，耐高温，不耐水淹，喜排水良好的沙质壤土	嫁接	庭园配置
寿星桃	Prunus persica var.	蔷薇	李	矮生落叶小乔木	原产我国北部及中部地区	花粉、白、大红色	3~4	5~9	喜光，耐旱，耐高温，不耐水淹，喜排水良好的沙质壤土	嫁接	庭园及假山配置
杜梨（棠梨）	Pyrus betulaefolia	蔷薇	梨	落叶乔木	产于东北、内蒙古、黄河流域至长江流域各地	树姿美，开花时满树白花，秋叶黄或橙色	3~4	8~9	喜光，耐寒，耐干旱瘠薄，耐盐碱，较耐涝	播种	北方梨树砧木、庭园观赏
巨紫荆	Cercis gigantea	苏木	紫荆	落叶乔木	产于浙江天目山、河南、湖北、广东、贵州	花淡红或淡紫红色	3~4	8~9	较耐寒，喜光，喜肥沃土壤，畏水湿	播种	公园、庭院配置、行道树
合欢	Albizia julibrissin	含羞草	合欢	落叶乔木	原产我国东南部，分布华北、华南等省	树形如伞，叶似翠羽，盛夏开花，花粉红色	6~8	9~10	喜光，耐干旱瘠薄，不耐涝	播种	庭荫树、行道树
金枝国槐（黄金槐）	Sophora japonica	蝶形花	槐	落叶小乔木	1998年从韩国引进，分布华北、西北、东北，为国槐变种	冬季枝条呈金黄色	—	—	抗病、耐涝、抗寒，适应性强，低洼积水处生长不良	嫁接、扦插	孤植、丛植、配植、庭园
楝树	Melia azedarach	楝	楝	落叶乔木	分布我国长江流域	树形优美，叶形秀丽，花淡紫色	5~6	10~11	喜温暖湿润，喜光，不耐阴，对土壤要求不严	播种	庭荫树、行道树

续表

中名	学名	科	属	形态	原产分布	观赏特点	花期（月）	果期（月）	习性	繁殖	应用
元宝树（五角枫）	Acer truncatum	槭树	槭	落叶乔木	主产东北部、河北、内蒙古、江苏、浙江一带	树形优美，叶、果美丽，秋叶变红色	4	9~10	稍耐阴，喜温凉气候及湿润肥沃土壤	播种	庭园绿化及行道树
三角枫	Acer buergerianum	槭树	槭	落叶乔木	主产长江中下游	秋叶变暗红色	4	8~9	喜光，稍耐阴，耐水湿，喜湿润肥沃的酸性土或中性土	播种	庭荫树
鸡爪槭	Acer palmatum	槭树	槭	落叶小乔木	原产我国长江流域江苏、浙江、山东等地	树枝优美，叶形秀丽，叶入秋变红色	4	10	喜光，喜温暖湿润气候	播种	在庭园中孤植、丛植
红枫	Acer palmatum f.	槭树	槭	落叶小乔木	分布中国亚热带长江流域	叶常年鲜红色	4~5	9~10	喜温暖、湿润、半阴环境和疏松、肥沃土壤，不耐水涝	嫁接	庭园观赏
赤枫	Acer palmatum 'sangokaku'	槭树	槭	落叶乔木	原产日本	秋季叶片和冬季枝干呈现红色	5	10	喜温暖湿润气候和荫蔽环境	扦插 嫁接	庭园造景
羽毛枫	Acer palmatum var.	槭树	槭	落叶小乔木	分布河南至长江流域	枝条下垂，叶细裂，有红叶和秋叶品种	5	10	喜温暖湿润，气候凉爽，喜光怕烈日，中性偏阴，较耐寒	嫁接	庭园观赏
栾树	Koelreuteria pahiculata	无患子	栾树	落叶乔木	产于我国北部及中部，分布黄河以南及长江流域	夏季黄花满树，秋叶鲜黄，果色艳丽	6~7	8~10	喜光，耐半阴，耐干旱瘠薄	播种	庭荫树、行道树、风景树
全缘叶栾树	Koelreuteria bipinnata var.	无患子	栾树	落叶乔木	分布浙江、安徽、江西、湖南、广西、广东等省	圆锥花序，花黄白色，果灯笼状，赭红色	7~9	8~11	喜光，耐半阴，耐寒，薄而短期积水	播种	园景树或行道树
无患子	Sapindus mukorosssi	无患子	无患子	落叶乔木	分布长江流域一带及广东、广西各省	圆锥花序，黄白色或淡紫色，树冠开展	5~6	9~10	喜光，稍耐阴，喜较干燥的沙质土	播种	庭荫树和行道树
紫薇	Lagerstroemia indica	千屈菜	紫薇	落叶小乔木	原产我国长江流域及华南各省	花红、白、紫色，树姿优美，树皮光滑	6~10	9~11	喜温暖湿润气候，耐旱，怕涝	播种 扦插	宜配置池畔、路边、草坪
石榴	Punica granatum	石榴	石榴	落叶小乔木	原产伊朗，我国南北各地均有栽植	夏季开花，花红、白、黄、复色等	5~9	10~11	喜光，以排水良好而较湿润的沙质土为宜，不耐阴，适应性强	播种 扦插	宜配置在庭园中
柿树	Diospyros kaki	柿树	柿	落叶乔木	原产我国长江流域及黄河流域	树形优美，秋叶变红，果实橙红色可食	5~6	9~11	喜温暖气候，耐寒，耐湿，对土壤要求不严	嫁接	园景树
白花泡桐	Paulownia forunei	玄参	泡桐	落叶乔木	主要产于长江以南各省，山东、河南、陕西都有栽种	花冠紫或乳白色，内有紫色斑点	3~4	9~10	耐阴，耐水湿，对黏重瘠薄土壤的适应性也强	埋根 播种	城市绿化及造林
梓树	Catalpa ovata	紫葳	梓树	落叶乔木	产于东北、华北，分布东北、华北、西北、两广、陕西、甘肃等	圆锥花序，淡黄色，秋季蒴果垂挂	5~6	9~10	喜光，耐寒，喜深厚、肥沃、湿润土壤，不耐干旱瘠薄	播种	行道树、庭荫树
黄金树	Catalpa speciosa	紫葳	梓树	落叶乔木	原产美国，分布于我国长江流域及黄河流域	叶大，花大色美	5~6	9	强阳性树，喜深厚、肥沃、湿润土壤	播种	庭荫和观花树种
楸树	Catalpa bungei	紫葳	楸树	落叶乔木	原产我国，分布南北各地	树形优美，花色艳丽	4~5	9~10	喜光，不耐阴，喜温暖潮湿，不耐干旱和水涝	播种 嫁接	行道树和庭荫树
毛白杨	Populus tomentosa	杨柳	杨	落叶乔木	原产我国中下游，黄河中下游是适生分布区	树干高大雄伟	3	4	喜光，喜温暖或凉爽气候、耐寒、喜湿润和湿润、肥沃土壤	扦插 嫁接	行道树、庭荫树
意杨	Populus eurame-vicana cv.	杨柳	杨	落叶大乔木	原产意大利，分布江南北	树干挺直，叶大荫浓	—	4	阳性，喜温暖湿润、肥沃、深厚沙质质土	扦插	防风林、绿荫树、行道树

续表

中名	学名	科	属	形态	原产分布	观赏特点	花期（月）	果期（月）	习性	繁殖	应用
旱柳	Salix matsudana	杨柳	柳	落叶乔木	分布华北、东北、西北及华东各省	树冠丰满，枝条柔软	3~4	4~5	喜光，不耐阴，耐寒、喜水湿，也能耐干旱，对土壤要求不严	扦插 播种	河湖岸边低湿处栽植
垂柳	Salix babylonica	杨柳	柳	落叶乔木	主要分布长江流域及其以南各省	枝条细长柔软下垂，树姿优美	3~4	4~5	喜光，不耐阴，耐水湿，短期水淹不致死亡	扦插 播种	河湖岸边低湿处栽植
金丝垂柳	Salix x aureo-pendula	杨柳	柳	落叶乔木	江苏省林科院杂交育成	叶披针形，枝条下垂，黄色	全为雄株	—	喜光，全为雄株，性强，耐水性强，抗病，无污染	扦插	宜植于河岸、池畔
核桃	Juglans regia	胡桃	核桃	落叶乔木	原产亚洲西南部	树冠庞大雄伟，树干灰白色，极美观	4~5	9~10	喜光，喜温暖、湿润气候，怕水淹，对土壤要求不严	播种 嫁接	庭荫树，果可食
枫杨	Pterocarya stenoptera	胡桃	枫杨	落叶乔木	分布陕西、山东、江苏、四川、广东、广西等省	树冠宽广	4~5	10	喜光，稍耐阴，耐寒，对土壤要求不严	播种 扦插	行道树、固堤防风林
薄壳山核桃	Carya illinoensis	胡桃	山核桃	落叶乔木	原产北美洲，在我国栽培甚广	树体高大，枝叶茂密	5	10~11	喜光，喜土层深厚及排水良好之土壤	嫁接	庭荫树及行道树，果可食
板栗	Castanea mollissima	壳斗	栗	落叶乔木	原产我国及朝鲜、国内各地有栽培	树冠圆润，枝叶稠密	6	9~10	喜光，耐寒，耐瘠薄，适应性广	播种 嫁接	造林及绿地配植，果可食
栓皮栎	Quercus variabilis	壳斗	栎	落叶乔木	广泛分布于我国辽宁、山西、广西、广东、台湾等省	树干通直，树姿雄伟	4	9~10	喜光，耐寒，喜温暖、适应性广排水良好的土壤	播种	风景区绿化，防护林
槲栎	Quercus alena	壳斗	栎	落叶乔木	分布我国辽宁、河南及西南各省	树干端直，秋叶变红	4~5	10	喜光，稍耐阴，耐寒，耐干旱瘠薄土壤	播种	风景林
白榆	Ulmus pumila	榆	榆	落叶乔木	产于东北、华北华东地区	树冠圆球形，树姿优美	3~4	4~6	喜光，耐寒，不耐水湿，耐干旱瘠薄	播种	庭荫树，防护林
榔榆	Ulmus parvifolia	榆	榆	落叶乔木	产于长江流域各省	树干通直，树皮、树姿优美	8~9	10	喜光，稍耐阴，喜温暖、湿润气候，中性至微酸性土壤	播种	行道树、庭荫树
朴树	Celtis sinensis	榆	朴	落叶乔木	产于黄河流域以南，长江中下游至华南都有分布	树姿优美	4	10	喜光，适应性强，略耐水湿及瘠薄，有一定抗旱能力	播种	庭荫树
珊瑚朴	Celeis julianae	榆	朴	落叶乔木	产于浙江、福建、广东、江西等省	树姿优美，观花观果	4	9~10	喜光，适应性强，有一定抗旱性	播种	孤植、丛植、群植，行道树
榉树	Zelkova serrata	榆	榉	落叶乔木	产于甘肃、陕西、湖北、湖南等省	树干通直，树姿优美，秋叶变红	3~4	10~11	喜光，不择土壤，幼树耐阴，较喜肥	播种	行道树、庭荫树
青檀	Pteroceltis tatarinowii	榆	青檀	落叶乔木	产于北京、山西、辽宁、江苏、安徽等省，中国特有	树皮呈长片状剥落，叶三出脉	4	8~9	喜光，耐干旱瘠薄，喜钙，常生长在石灰岩山地	播种	庭荫树，树皮是造纸原料
乌桕	Sapium sebiferum	大戟	乌桕	落叶乔木	原产我国，分布云南、四川、陕西、江苏等省	秋叶红艳，绚丽诱人	6	11	喜光，耐旱，耐水湿，对土壤要求不严	播种	配置于池畔、河边，草坪
重阳木	Bischofia polycarpa	大戟	重阳木	落叶乔木	原产亚热带及中国南部，尤以广东、福建最多	秋叶变红色	4~5	10~11	喜光，喜温暖和湿润土壤，耐湿，耐旱，耐瘠薄	播种	庭园栽植、庭荫道树
喜树	Camptotheca acuminata	珙桐	喜树	落叶乔木	我国特产，分布于我国华东、中南、西南、台湾等省	树形端庄高直	7	11	阳性，浅根，喜温暖、喜深厚肥沃土壤及空气湿润	播种	行道树、庭荫树

中名	学名	科	属	形态	原产分布	观赏特点	花期（月）	果期（月）	习性	繁殖	应用
桑树	Morus alba	桑	桑	落叶乔木或灌木	分布全国各省	树冠宽阔，树叶茂密	5	6~7	喜光、喜温暖湿润、耐旱、耐瘠薄、不耐涝	播种 扦插	风景树
构树	Broussonetia papyrifera	桑	构树	落叶乔木	分布在黄河、长江、珠江流域各省	选择雄株，防止果实污染环境	5	9	喜光、稍耐阴、耐干旱瘠薄、抗烟尘	播种	庭荫树
杜仲	Eucommia ulmoides	杜仲	杜仲	落叶乔木	原产于我国中部及西部，分布四川、贵州、湖北等省	枝叶茂密	4~5	10~11	喜光 不耐阴，喜肥沃深厚疏松土壤	播种	庭荫树、树皮为名贵药材
二球悬铃木	Platanus hispanica	悬铃木	悬铃木	落叶乔木	在我国华北南部、华东、中南等地区均有分布	树形端正雄伟，枝叶茂密	4	9~10	喜光、耐寒、适应各种土壤，耐修剪、抗烟尘	播种 扦插	行道树、庭荫树
皂荚	Gleditsia sinensis	皂荚	皂荚	落叶大乔木	分布我国北部、中部及南部等省	树冠广阔，荫浓	5~6	10	喜光、稍耐阴，喜温暖湿润气候和肥沃土壤、耐旱	播种	庭荫树
刺槐（洋槐）	Robinia pseudoacacia	蝶形花	刺槐	落叶乔木	原产美国，现遍布全国各地	树冠高大，枝叶茂密	5	10~11	喜光、喜较干燥而凉爽之气候、耐寒、耐旱、耐瘠薄	播种	庭荫树、行道树
槐树（国槐）	Sophora japonica	蝶形花	槐	落叶乔木	原产我国北部，现南北各地均有栽培	树冠广阔，枝叶茂密，树形匀称	6~8	10	喜光、略耐阴，喜干冷气候、要求深厚排水良好的土壤	播种	庭荫树、行道树
龙爪槐	Sophora japonica var.	蝶形花	槐	落叶乔木	原产我国北部，现南北各地均有分布	小枝扭曲下垂，树冠伞形	6~8	10	喜光、略耐阴，喜干冷气候、要求深厚排水良好的土壤	嫁接	庭园门旁 对植、小路列植
黄檀（不知香）	Dalbergia hupeana	蝶形花	黄檀	落叶小乔木	自秦岭、淮河以南至广东、广西均有分布	春季发芽迟	5~6	9~10	喜光、耐干旱瘠薄，对土壤要求不严	播种	绿化先锋树种
臭椿	Ailanthus altissima	苦木	臭椿	落叶乔木	原产我国北部和中部，现分布很广	树干耸直，姿态美观	5~6	9~10	喜光、耐干旱瘠薄，不耐水湿、抗性强	播种	庭荫树、行道树
千头椿	Ailanthus altissima var.	苦木	臭椿	落叶乔木	分布我国黄河下游地区	树冠圆整，枝叶繁茂，树枝优美	5~6	9~10	适应性强、喜光、耐瘠薄和轻度盐碱	嫁接 扦插	行道树、庭荫树
香椿	Toona sinensis	楝	香椿	落叶乔木	原产我国中部，河北、山东、陕西、河南分布最多	枝叶茂密，树冠庞大，树干通直	5~6	9~10	喜光、不耐阴，耐寒性较差、喜深厚肥沃的沙质壤土	播种	庭荫树、四旁绿化
糯米椴	Tilia henryana	椴树	椴树	落叶乔木	产于河南、陕西、湖北等地	叶有芒刺状相锯齿	7~8	9~10	喜光、喜湿润肥沃沙壤土	播种	庭荫树
南京椴	Tilia miqueliana	椴树	椴树	落叶乔木	产于江苏、浙江、安徽、江西、河南西部	树干通直，叶齿尖不为芒刺状	6~7	9~10	喜光、稍耐阴，喜湿润、肥沃的沙壤土	播种	庭荫树
刺楸	Kalopanax pictus	五加科	刺楸	落叶乔木	为东亚特有种，分布我国东北、河北、长江流域等地	树干端直，叶形硕大	7~8	9~10	喜光、稍耐阴，耐寒、耐旱、忌积水	播种	庭荫树
丁香	Syringa oblata	木犀	丁香	落叶小乔木或灌木	原产我国华北	圆锥花序，花冠紫色或白色	4	—	喜光、稍耐阴，耐寒、耐旱怕涝、对土壤要求不严	嫁接 扦插	庭园配置
枫香树	Liquidambar formosana	金缕梅	枫香树	落叶乔木	产于我国黄河流域以南	秋叶红艳	3	10	喜光、抗风，耐旱、喜酸性或中性土壤	播种	风景林、庭荫树
七叶树	Aesculus chinensis	七叶树	七叶树	落叶乔木	原产我国黄河流域各省，分布江苏、浙江等省	树形壮丽，花序硕大，世界著名观赏树	4~5	9~10	喜温和湿润气候、耐寒、耐阴	播种	行道树、庭院树

续表

中名	学名	科	属	形态	原产分布	观赏特点	花期（月）	果期（月）	习性	繁殖	应用
檫木	Sassafras tsumu	樟	檫木	落叶乔木	分布长江流域及广东、广西	树形美丽，秋叶橘黄色	3~4	8	喜光，喜温暖湿润气候，水湿低洼地不能生长	播种	庭荫树
丝棉木	Euonymus bungeanus	卫矛	卫矛	落叶小乔木	原产我国北部及中部	果红色，在枝上悬挂较久	5~6	10	喜光，稍耐阴，耐寒，耐旱	播种	庭荫树
火炬树	Rhus typhina	漆树	盐肤木	落叶灌木或小乔木	原产北美	入秋叶片变红，十分鲜艳	6~7	8~9	适应性强，能耐旱抗寒	播种、根插	荒山绿化、配置庭园
黄栌	Cotinus coggygris	漆树	黄栌	落叶灌木或小乔木	产于我国河北、山东、河南、湖北及四川等省	秋季叶色由绿转红，鲜艳夺目	4~5	7	喜光，耐半阴，耐寒，耐干旱瘠薄和土壤，不耐水湿	播种	丛植、片植于山坡、河岸
盐肤木	Rhus chinensis	漆树	盐肤木	落叶小乔木	分布东北南部，黄河流域，甘肃、四川、海南等	秋叶鲜红，果熟橘红色，色彩美观	7~8	10~11	喜光，耐寒冷和干旱，不耐水湿	播种	风景林、公园点缀
枣树	Zizyphus jujuba	鼠李	枣	落叶乔木	原产欧洲和我国东北、东南至华南各地	花是良好的蜜源，果可食用	4~5	8~9	喜光，抗热，耐寒，耐干瘠之地	嫁接	庭院宅旁、城郊山区绿化
梧桐	Firmiana platanifolia	梧桐	梧桐	落叶乔木	原产我国，河北、山东、广西、云南均有分布	树冠开展，干、枝翠绿，叶大而美	6~7	9~10	喜光，喜温暖气候，不耐瘠薄，在积水处或碱地不能生长	播种	庭荫树、行道树
粗糠树	Ehretia dicksoni	紫草	厚壳树	落叶乔木	分布我国南方各省和河南、安徽等地	树干端直，树冠扁圆形，枝叶郁茂	4~5	7	喜光，稍耐阴，耐干旱瘠薄，稍耐寒	播种	庭荫树
厚壳树	Ehretia thyrisflora	紫草	厚壳树	落叶乔木	产于云南及长江流域和山东、河南等省	树高大浓荫，夏日满树白花	5	7	喜光，喜湿润土壤	播种	庭荫树、行道树
线柏	Chamaecyparis pisifera	柏	扁柏	常绿灌木或小乔木	原产日本、青岛、庐山、南京、上海、杭州有栽培	枝叶浓密，小枝细长下垂，线形	4	10~11	宜寒，抗旱，忌水涝，宜土层深厚肥沃土壤	嫁接	庭园配置
铺地柏	Sabina procumbens	柏	圆柏	常绿匍匐小灌木	原产日本，我国各地有栽培	低矮匍匐状	4	翌年成熟	阳性树，忌低温，耐瘠薄、耐寒，不择土壤	播种、扦插	配置假山、作地被
翠柏	Sabina sguamata cv.	柏	圆柏	常绿灌木	我国长江以南均有栽培	叶呈粉蓝色	3~4	当年成熟	喜光，喜凉爽和湿润气候，生长慢	嫁接	配置于园林
柳罗木	Taxus cuspidata cv.	红豆杉	红豆杉	常绿灌木	分布吉林、辽宁东部	叶常绿，线形，呈螺旋状排列	5~6	9~10	阴性树，喜生于湿润肥沃的土壤，耐寒，生长慢	扦插、播种	配置于庭园、可制作盆景
含笑	Michelia figo	木兰	含笑	常绿灌木或小乔木	原产我国华南，现在长江域有栽培	叶绿，花香气浓郁	4~5	10	喜弱阴，不耐干燥，喜温暖多湿气候及酸性土壤	播种、扦插	配置于庭园或假山旁
支竹桃	Nerium indicum	支竹桃	支竹桃	常绿灌木或小乔木	分布长江流域以南	花红、白色，花期长	5~10	—	喜光，喜温暖湿润气候，耐寒性较差	扦插	庭园配置
八角金盘	Fatsia japonica	五加科	八角金盘	常绿灌木	原产日本，我国长江南方普遍栽培	叶形奇特，叶大光亮	夏秋	翌年5	喜阴，喜温暖湿润气候，不耐干旱，耐寒性不强	扦插	庭园配置、地被
珊瑚树	Viburnum awabuki	忍冬	荚迷	常绿灌木	分布云南、广西、广东、江西、福建、浙江、江苏等省	叶片终年碧绿光亮，深秋时的果实鲜红	5~6	9~10	喜光，喜温暖湿润气候及肥沃土壤，抗性强	扦插、播种	庭园配置、绿篱
洒金东瀛珊瑚	Aucuba japonica	山茱萸	桃叶珊瑚	常绿灌木	原产日本及我国台湾，长江流域各地均有栽培	枝叶繁茂，经冬不凋，果红色	4	11	耐阴，喜温暖湿润气候及肥沃湿润沃土壤，怕积水，不耐旱	扦插	色块、地被、绿篱

续表

中名	学名	科	属	形态	原产分布	观赏特点	花期（月）	果期（月）	习性	繁殖	应用
栀子花	Gardenia jasminoides	茜草	栀子	常绿灌木	原产我国，分布黄河流域以南各省	终年常绿，花大而具香气	6~8	10	喜温暖，稍阴处生长良好，喜酸性土壤	扦插	可修剪成球形，做花篱
凤尾丝兰	Yucca gloriosa	龙舌兰	丝兰	常绿灌木	分布长江流域一带	花下垂，乳白色，芳香宜人，株形独特	5~6 8~11	7	适应性强，耐水湿	分蘖	适宜配置在庭园或假山
南天竹	Nandina domestica	小檗	南天竹	常绿灌木	原产于我国河北、山东、陕西、江苏、江西、福建等省	叶冬季常变红色，浆果球形红色	5	11	喜半阴、温暖，要求排水良好的土壤	播种 分株	庭园配置或地被
火棘	Pyracantha fortuneana	蔷薇	火棘	常绿灌木	原产于陕西、湖北、江苏、浙江、福建、湖南、广西等地	初夏满花白色繁密，入秋果红似火	5	9~10	喜光、略耐阴，不耐寒，要求土壤肥沃湿润和排水良好	播种	庭园配置
狭叶十大功劳	Mahonia fortunei	小檗	十大功劳	常绿灌木	原产我国湖北、四川、浙江、陕西、河南等省	四季常青	9~10	11~12	喜光，耐半阴，耐寒，耐干旱，性强健，对土壤要求不严	扦插	色块、绿篱、地被
阔叶十大功劳	Mahonia bealei	小檗	十大功劳	常绿灌木	产于我国湖北及中部各省，华东、中南各地有栽培	叶面蓝绿色，花黄褐色，果灰绿色，姿形美	4~5	9~10	喜光，耐半阴，耐干旱，耐寒，性强健，对土壤要求不严	扦插	配置假山
海桐	Pittosporum tobira	海桐	海桐	常绿灌木	分布长江流域及其以南各地，山东、河南、陕西有栽培	叶色浓绿，花朵清丽芳香	5	9~10	喜光，喜温暖湿润气候及肥沃土壤，耐寒，耐阴，耐修剪	播种	庭园配置及绿篱
蚊母树	Distylium racemosum	金缕梅	蚊母树	常绿灌木或小乔木	原产我国广东、浙江、台湾等省，长江流域有栽培	树冠开展，叶色浓绿	5	10	喜光，喜温暖湿润气候，对土壤要求不严	扦插	庭园配置
红花檵木	Loropetalum chinese var.	金缕梅	檵木	常绿灌木或小乔木	分布我国长江中下游及南部各省	叶、花红色，花茎形，有香气	4~5	9~10	稍耐阴，喜酸性土壤，耐旱，不耐瘠薄	扦插	庭园配置、绿篱、色块
无刺枸骨	Ilex corunta var.	冬青	冬青	常绿灌木或小乔木	产于长江中下游及福建、广东、广西等地	叶厚革质，果鲜红色	3~4	9	喜光耐阴，喜温暖湿润和排水良好酸性和微碱性土壤	扦插	庭园配置
茶梅	Camellia sasanqua	山茶	山茶	常绿灌木	原产我国浙江地区	品种多，花有大红、红、白、复色等	10~翌年4	—	喜温暖湿润气候及酸性土壤，耐阴，不甚耐寒	扦插	庭园配置
瓜子黄杨	Buxus sinica	黄杨	黄杨	常绿灌木或小乔木	原产我国中部，现各地均有栽培	四季常青	4	7	性耐阴，喜生长于湿润庇荫的地方，耐碱土	播种 扦插	配置于庭园、绿篱
雀舌黄杨	Buxus bodinieri	黄杨	黄杨	常绿灌木	分布江西、福建、广东、湖南、湖北、江苏等省	四季常青	3~4	6~7	喜半阴、耐寒性较差，在湿润肥沃土壤中生长最好	扦插	配置于庭园、绿篱
大叶黄杨	Euonymus japonicus	卫矛	卫矛	常绿灌木或小乔木	原产我国中部、北部及日本，现各省均有栽培	有各种花叶变种，如金边、银心、银边黄杨	5	10	喜光，也耐阴，喜温暖湿润气候及肥沃土壤，耐修剪	扦插	修剪成球形、绿篱
胡颓子	Elaeagnus pungens	胡颓子	胡颓子	常绿灌木	分布我国中部各省	叶背银白色，果红色	10~11	翌年5	喜光，耐半阴，耐干旱，耐水湿，抗旱性强	扦插 播种	庭园配置
毛鹃	Rhododendron pulchrum	杜鹃花	杜鹃花	常绿灌木	原产我国，分布江苏、浙江等省	体形高大，花紫、粉、白等色	4	—	生长健壮，适应性强	扦插	庭园及假山配置、林下植被
夏鹃	Rhododendron indicum	杜鹃花	杜鹃花	常绿灌木	原产印度、日本，分布于我国浙江、江苏等省	枝叶纤细，分枝稠密，花红、紫、白等色	5~6	—	耐寒，怕热，喜肥沃、酸性土壤	扦插	庭园及假山配置、林下植被

续表

中名	学名	科	属	形态	原产分布	观赏特点	花期（月）	果期（月）	习性	繁殖	应用
月季花	Rosa chinensis	蔷薇	蔷薇	落叶小灌木	原产我国河南、河北、山东、江苏、浙江等省	花色艳丽，花期长，有香气	4~11	10~11	喜光、耐寒、耐旱、不择土壤	扦插 嫁接	布置花坛、花带、花境
迎夏（探春）	Jasminum floridum	木犀	素馨	半常绿灌木	原产我国长江流域及秦岭北京以南均有栽培	花黄色，树姿优美	5~6	—	性喜温暖、半阴之地，喜土壤深厚、排水良好	扦插	庭园配置
云南黄馨	Jasminum mesnyi	木犀	素馨	半常绿灌木	原产云南，在长江流域栽培较多	枝梢下垂，婀娜多姿	3~4	—	喜光，略耐寒，对土壤要求不严，耐干旱瘠薄	扦插	宜植于水岸或垂直绿化
牡丹	Paeonia suffruticosa	芍药	芍药	落叶灌木	原产我国西部及北部，分布山东菏泽、河南、北京等地	花大美观，香色俱佳，被称为花中之王	4	9	喜光，耐寒，喜凉爽，畏炎热，深厚肥沃、排水良好之沙质土壤	分株 嫁接	专类花园、花坛
紫玉兰	Magnolia liliflora	木兰	木兰	落叶大灌木	原产我国中部，各地均有栽培	花紫色或紫红色，内面白色	3	10	喜光，较耐寒，喜肥沃、排水良好之土壤，怕积水	分株 压条	庭园配置
蜡梅	Chimonanthus praecox	蜡梅	蜡梅	落叶灌木	原产我国湖北、江西、四川、陕西等地	花似蜡，浓香四溢，为冬季观花佳品	12~翌年2	8	喜光，较耐寒，耐旱，不适宜黏性土壤	嫁接	庭园配置
溲疏	Deutzia scabra	虎耳草	溲疏	落叶灌木	分布江西、浙江、江苏、安徽南部、湖北、贵州等地	夏季白花繁密而素静	5~6	10~11	喜光，稍耐阴，喜温暖气候，喜腐殖质多的土壤	播种 扦插	庭园配置
喷雪柳（雪柳）	Spiraea thunbergii	蔷薇	绣线菊	落叶灌木	产于我国陕、鄂、苏、浙、赣、皖、黔、川等省	花白色，小而密集，极为美丽	3	—	喜光，喜温暖气候及湿润土壤	分株 扦插	庭园配置
麻叶绣线球	Spiraea cantoniensis	蔷薇	绣线菊	落叶灌木	产于河北、河南、陕西、安徽、江苏、浙江、广东、广西等地	花小且白色，数朵组成半球形	4~5	7~9	喜光，喜温暖气候，耐阴，耐旱，忌湿涝	分株 扦插	庭园配置
贴梗海棠	Chaenomeles speciosa	蔷薇	木瓜	落叶灌木	原产我国中部，现各地均有栽培	早春叶前开花，簇生枝间，鲜艳美丽	3~4	9~10	喜光，耐寒，对土壤要求不严，不宜在低洼地栽植	分株 扦插	庭园配置
木瓜海棠	Chaenomeles cathayensis	蔷薇	木瓜	落叶纤细矮灌木	优良新品种自日本引进	花呈红、白、肉红、粉、橘红等色	3~4	10	喜光，稍耐阴，喜排水良好的壤土，耐旱，忌湿	分株 扦插	庭园丛植或专类园
玫瑰	Rosa rugosa	蔷薇	蔷薇	落叶灌木	原产我国辽宁、山东等省分布鲁、苏、浙、粤等地	色艳，味浓香，花玫瑰红色、白色	4~8	7~10	喜光，耐寒，耐旱，对土壤要求不严，喜中性或微酸性轻壤土	分株 扦插	庭园配置
黄刺玫	Rosa xanthina	蔷薇	蔷薇	落叶灌木	产于我国东北、内蒙古、华北至西北	花大色艳，花期较长	4~5	8~10	喜光，耐寒，耐旱，耐干旱瘠薄	分株 扦插	庭园配置
棣棠	Kerria japonica	蔷薇	棣棠花	落叶灌木	产于长江流域及陕西秦岭各地有栽培	花金黄色	4~6	6~8	喜温暖、半阴及略湿之地	分株 扦插	庭园配置
日本绣线菊	Spiraea japonica	蔷薇	绣线菊	落叶纤细矮灌木	原产日本，我国华东有栽培	复伞房花序，花粉红色	5~7	—	喜光，耐寒，耐半阴，耐旱，抗性强	扦插	片植、丛植、花境、花坛
金焰绣线菊	Spiraea ×bumalda cv.	蔷薇	绣线菊	落叶小灌木	分布长江流域一带	新叶紫红色至黄红色，花浅粉色	6~9	—	喜光及温暖湿润气候、喜排水良好的肥沃土壤	扦插 分株	色块、花坛、绿篱
金山绣线菊	Spiraea ×bumalda	蔷薇	绣线菊	落叶小灌木	分布长江流域一带	叶黄色，花深粉色	5~10	—	喜光及温暖湿润气候，喜排水良好	扦插 分株	色块、花坛、绿篱
平枝栒子	Cotoneaster horizontalis	蔷薇	栒子	落叶或半常绿矮灌木	分布河南、湖北、安徽、江苏、四川等省	小枝水平开张、花粉红色、果红色	5~6	9~10	性强健，尚耐寒，对土壤要求不严	扦插 播种	花篱、配置假山及草地

续表

中名	学名	科	属	形态	原产分布	观赏特点	花期（月）	果期（月）	习性	繁殖	应用
珍珠梅	Sorbaria sorbifolia	蔷薇	珍珠梅	落叶灌木	产于我国北部，冀、鲁、晋、豫、陕、甘等省	大型圆锥花序顶生，花白色，姿态秀丽	6~8	9~10	耐寒，较耐阴，对土壤要求不严，适应性强	扦插 分株	庭园丛植
榆叶梅	Prunus triloba	蔷薇	李	落叶灌木或小乔木	原产我国，分布黑龙江、河北、山东、江苏、浙江等地	花色彩艳丽，粉红色	3~4	8	喜阳，耐寒、耐旱，不耐水涝	嫁接	庭园配置
重瓣郁李	Prunus japonica var.	蔷薇	李	落叶灌木	原产我国华中、华北	花朵繁茂，花瓣重叠紧密，花先叶开放	3~4	—	喜阳，耐旱、适应性强	分株 扦插	庭园丛植
木芙蓉	Hibiscus mutabilis	锦葵	木槿	落叶灌木或小乔木	原产黄河流域及华南，尤以四川、成都栽培较多	花大美丽	9~11	12	喜光，略耐阴，喜肥沃湿润而排水良好之沙质壤土	扦插 播种	庭园配置
金丝桃	Hypericum monogynum	金丝桃	金丝桃	半常绿小灌木	分布河北、河南、陕西、江苏、浙江、广东、广西等地	花叶秀丽，花金黄色	6~7	8~9	喜光，略耐阴，喜生于湿润的河谷或半阴坡沙质土上	扦插	庭园配置
蜜花金丝桃	Hypericum densiflorum	金丝桃	金丝桃	半常绿小灌木	原产我国，分布中部和南部各省	花黄色	6~7	9	喜光，略耐阴，喜生于湿润肥沃的沙壤土	扦插	庭园配置
金丝梅	Hypericum patulum	金丝桃	金丝桃	半常绿小灌木	产于我国陕、川、滇、贵、赣、湘、鄂、苏、浙、皖、闽等省	花金黄色	6~8	10	喜光，略耐阴，喜生于湿润的河谷或半阴坡沙壤土上	扦插	庭园配置
六月雪	Serissa serissoides	茜草	白马骨	半常绿小灌木	原产我国江苏、江西、广东、台湾等省	花白色	6~7	10	喜光，亦耐阴，喜排水良好、肥沃湿润疏松壤土	扦插	绿篱、盆景
紫荆	Cercis chinensis	苏木	紫荆	落叶灌木	原产我国，分布华中、华东，西南、华北、辽宁、甘肃等省	花紫色，艳丽	4	8~10	喜光，喜向阳、肥沃的土壤，不耐涝	播种	庭园配置
锦鸡儿	Caragana sinica	蝶形花	锦鸡儿	落叶灌木	原产中国河北、河南、湖北、浙江等省	花冠黄色带红晕，形似金雀	4	5	喜光，抗旱耐瘠，忌湿涝	播种 分株	丛植或配置于庭园
毛刺槐（江南槐）	Robinia hispida L.	蝶形花	刺槐	落叶灌木嫁接为乔木状	原产北美，分布我国东北、华北等地，为刺槐变种	花粉红或紫红色，2~7朵呈总状花序	5~6	9~10	喜温暖湿润气候，喜阳也稍耐阴浅根性，耐寒，抗风力差	嫁接	庭园配置、行道树
双荚槐	Cassia bicapsularis	苏木	决明	落叶灌木	分布华南、华东地区	花金黄色	9~12	花、实并茂	适应性强，管理方便	播种 扦插	用于色块、绿篱等
伞房决明	Cassia corymbosa	苏木	决明	半常绿灌木	分布长江流域一带	伞房花序，黄色	7~10	5	喜光，稍耐阴，耐瘠薄，不耐涝	播种	丛植、片植
紫珠	Callicarpa bodinieri	马鞭草	紫珠	落叶灌木	分布华中、华南及西南各省	花冠淡紫色或近白色，果实紫色	8	10~11	喜温暖湿润气候，喜阳也稍耐阴	扦插 播种	点缀园景和假山
接骨木	Sambucus williamsii	忍冬	接骨木	落叶灌木或小乔木	产于中国东北、华北、西北各省	花白色至淡黄色，核果红色或蓝紫色	4~5	7	喜光，耐寒、耐旱，喜湿润的壤土	播种 扦插	草坪、林缘或假山边
锦带	Weigela florida	忍冬	锦带花	落叶灌木	原产我国东北、华北、江苏北部	花初为白色，后为粉红色	5	10	喜光，耐寒，适应性强，喜湿润且腐殖质丰富的壤土	扦插 分株	庭园配置
荚蒾	Viburnum dilatatum	忍冬	荚蒾	落叶灌木	分布中国陕西、河南、河北及长江流域各省	复伞形花序，花冠白色，果实红艳	5~6	9~10	喜半阴、湿润、耐寒	播种 扦插	庭园阴处、半阴处或林缘

续表

中名	学名	科	属	形态	原产分布	观赏特点	花期（月）	果期（月）	习性	繁殖	应用
木绣球	Viburnum macrocephalum	忍冬	荚蒾	落叶或半常绿灌木	原产我国江苏、浙江、湖北、湖南、四川等地	花大、球状、白色	4~5	—	阴性树种，较耐寒，喜湿润，喜温凉及肥沃排水良好的壤土	扦插	孤植或配置在庭园
琼花	Viburnum macrocephalum f.	忍冬	荚蒾	半常绿灌木或小乔木	原产我国浙江、江苏、安徽、湖南、湖北等地	花序周围是白色不孕花，中部是可孕花	4	10~11	暖温带半阴性树种，喜微酸性及中性排水良好的土壤	播种	庭园配置
秤锤树	Sinojackia xylocarpa	安息香	秤锤树	落叶灌木或小乔木	分布长江流域各地	花白色，果实形如秤锤	4~5	8	阳性，喜深厚肥沃沙质壤土，尚耐旱，忌水淹	播种	配置庭园或群植山坡
卫矛	Euonymus alatus	卫矛	卫矛	落叶灌木	原产我国东北、华北至长江中下游各省	花淡红色，果红紫色	5~6	9~10	喜光，耐寒，耐旱，不择土壤	播种 扦插	庭园配置
八仙花	Hydrangea macrophylla	虎耳草	八仙花	落叶小灌木	原产中国	花为不孕花，呈白、粉红或淡蓝紫色	5~7	—	喜阴湿，不甚耐寒，喜肥沃、湿润、排水良好的土壤	扦插	配置庭园阴处，林间、花篱
木槿	Hibiscus syriacus	锦葵	木槿	落叶灌木或小乔木	原产中国，遍及黄河以南各省	有红、粉、白、紫等品种	6~9	9~11	喜光，稍耐阴，耐水湿，亦耐干旱	扦插 播种	丛植、花篱
大叶醉鱼草	Buddleja davidii	马钱	醉鱼草	落叶灌木	分布江苏等地	圆锥花序，花紫蓝、红、白等色	4~7	10~11	阳性，较耐阴，耐旱，耐寒，不耐水湿	扦插	花坛、花境、配置庭园
花石榴	Punica granatum var.	石榴	石榴	落叶灌木或小乔木	原产亚洲中部和欧洲地中海沿岸，分布我国南北各地	花橘红、白、黄等色，半重瓣、重瓣	5~9	9~11	喜光，耐旱，温暖湿润，忌风	扦插 嫁接	庭园配置
结香	Edgeworthia chrysantha	瑞香	结香	落叶小灌木	河南、陕西、长江流域以南各省均有分布	花黄色，芳香，先叶开放	2~3	—	喜半阴，温暖湿润气候及肥沃而排水良好的沙质壤土	扦插 分株	庭园配置
连翘	Forsythia suspensa	木犀	连翘	落叶灌木	原产我国北部、中部及东北各省，现各地有栽培	花金黄，艳丽可爱	3~4	10	喜光，耐阴，耐寒，对土壤要求不严，能耐干旱和瘠薄，怕涝	扦插 分株	庭园配置
金钟花	Forsythia viridissima	木犀	连翘	落叶小灌木	分布江苏、浙江、安徽、江西、山东、甘肃、河北等省	早春黄花满枝，先叶开放	3	—	喜光，适应性强，在肥沃土壤中生长良好	扦插 分株	庭园配置
迎春	Jasminum nudiflorum	木犀	茉莉	落叶小灌木	产于我国北部和中部，现辽宁至福建各地都有栽培	开花极早，花黄色	2~3	—	喜光，喜温暖湿润，怕涝，耐碱，喜肥沃土壤	扦插 分株	庭园配置
海州常山	Clerodendrum trichotomum	马鞭草	赪桐	落叶灌木或小乔木	产于河北、河南、山东、陕西、江苏、浙江、安徽等省	花萼紫红色，花冠白色或带粉红色	7~10	9~11	适应性强	播种 分株	庭园配置
六道木	Abelia biflora	忍冬	六道木	落叶小灌木	产于辽宁、吉林、河北、内蒙古、甘肃、山西等省	花白色，淡黄色或红色	7~10	10~11	耐阴，耐寒，喜湿润土壤	扦插 分株	庭园配置
无花果	Ficus carica	桑	榕	落叶小乔木或灌木	原产小亚细亚，现长江流域及其以南地区都有栽培	隐头花序，隐花果梨形，叶形美观	—	5	喜光，喜温暖湿润、肥沃深厚的土壤，对土壤要求不严	扦插 播种	庭园配置 宜做色块
紫叶小檗	Berberis thunbergii cv.	小檗	小檗	落叶灌木	原产日本，我国有栽培	叶深紫色	5	9	喜光，喜温暖，喜湿润处，对土壤要求不严	扦插 播种	庭园配置
枸橘	Poncirus trifoliata	芸香	枳	落叶灌木或小乔木	原产我国中部，豫、晋、陕、苏、浙、赣、粤、桂均有栽培	花洁白，果黄色	4	10	喜光，宜温暖、湿润气候，耐碱，耐寒	播种 扦插	防护绿篱
金银木	Lonicera maackii	忍冬	忍冬	落叶灌木	原产我国东北、华北、西南各地	初夏开花，有微香，果实红色	5	9	性强健，耐寒，耐旱，喜光，耐阴，喜深厚肥沃之土壤	扦插 播种	庭园配置

续表

中名	学名	科	属	形态	原产分布	观赏特点	花期（月）	果期（月）	习性	繁殖	应用
紫穗槐	Amorpha fruticosa	豆科	紫穗槐	落叶灌木	原产北美，我国东北、华北、西北、华东、华南均有栽培	花蓝紫色	5~6	9~10	喜光、耐寒，喜干冷气候，对土壤要求不严，耐干旱瘠薄，喜湿润	扦插 播种	庭园配置或护坡保土
山麻杆	Alchornea davidii	大戟	山麻杆	落叶灌木	产于河南、江苏、浙江、湖北、四川、贵州等省	早春嫩叶红、紫红、橘红色	3~4	—	喜阴，在阴地也能生长，肥沃土壤，性强健	扦插	植于庭园或路旁水边
红瑞木	Cornus alba	山茱萸	梾木	落叶灌木	我国东北、内蒙古及冀、鲁、陕等省均有分布	茎枝终年鲜红色，秋叶也为鲜红色	5~6	8~9	喜光、耐寒，宜湿润土壤	分株 扦插	庭园配置
黄荆	Vitex negundo	马鞭草	牡荆	落叶灌木或小乔木	产于甘肃、陕西、山西、山东、河南及长江以南各省	花冠淡紫色	7~8	10	喜光、耐干旱瘠薄，适应性强	播种 分株	庭园配置
小叶女贞	Ligustrum guihoui	木犀	女贞	半常绿灌木	分布山东、河北、河南、四川、江苏等省	花白色，芳香	5~6	11~12	喜光，性强健，稍耐阴，抗性强	播种	绿篱
金叶女贞	Ligustrum guihoui var.	木犀	女贞	半常绿灌木	我国于1984年从德国引进，美	叶金黄色	6~7	—	喜光，稍耐湿，不耐严寒及干旱，适生微酸性土壤，耐修剪	播种	绿篱、色块拼成球状
木香	Rosa banksiae	蔷薇	蔷薇	半常绿攀援藤本	原产我国西南部，分布河北、山东、陕西、江苏等地	花繁茂芳香，白或黄色，单瓣或重瓣	4~5	9~10	喜光，较耐寒，不畏炎热，宜栽于排水良好的沙质土壤	扦插	攀缘篱垣或栽于棚架
多花蔷薇	Rosa multiflora cv.	蔷薇	蔷薇	落叶攀援状灌木	分布华北、华东、华中、华南及西南	花团锦簇，芳香，花红色	5~6	10~11	耐寒、耐旱，喜阳，略耐阴，对土壤要求不严，忌积水	扦插 播种	栏栅、花篱、花架、斜坡
金樱子	Rosa laevigata	蔷薇	蔷薇	常绿攀援状灌木	原产长江流域	花大，白色	5	9~11	阳性植物，较耐阴，耐干旱瘠薄	扦插 播种	垂直绿化
扶芳藤	Euonymus fortunei	卫矛	卫矛	常绿藤本	分布陕西、山西、河南、河北、山东、江苏、浙江等地	叶色油绿，有光泽，秋变为红色	5~7	10	耐阴，喜温暖、耐寒性强、耐干旱瘠薄，对土壤要求不严	扦插	墙面、山石、花格绿化
常春藤	Hedera nepalensis	五加	常春藤	常绿藤本	分布华中、华南、西南及甘肃、陕西等省	叶四季常青	8~9	翌年	极耐阴，对土壤和水分要求不严	扦插	庭园垂直绿化或地被
洋常春藤	Hedera helix	五加	常春藤	常绿藤本	原产欧洲	叶四季常青，叶片色彩丰富	—	—	喜温暖湿润和半阴环境，喜疏松肥沃土壤	扦插	盆栽、垂直绿化，假山绿化
络石	Trachelospermum jasminoides	夹竹桃	络石	常绿藤本	原产我国，除新疆、青海、西藏，辽宁等均有分布	花冠白色，有浓香	4~5	10	耐干旱、忌水涝，喜阴，对土壤要求不严	扦插 压条	垂直绿化或地被
紫藤	Wisteria sinensis	蝶形花	紫藤	落叶藤本	分布辽宁、河北、江苏、浙江、四川、湖北、广东等地	花紫色，且有芳香	4~5	9~10	喜光，略耐阴，喜深厚肥沃疏松土壤，有一定抗旱力	播种 扦插	棚架绿化
宁油麻藤	Mucuna paohwashanica	蝶形花	油麻藤	常绿木质大藤本	原产我国云南、四川、贵州、浙江、江苏等省	叶常绿，总状花序，花紫色	4~5	10	性强健，稍耐阴，抗性强，寿命长	压条 扦插	花架、绿廊等垂直绿化
葡萄	Vitis vinifera	葡萄	葡萄	落叶藤本	原产亚洲西部，长江以北广泛栽培	浆果椭圆形或圆球形，紫色或绿色	5~6	8~9	喜光、喜干燥，喜肥厚土壤	扦插 嫁接	棚架绿化
爬山虎	Parthenocissus tricuspidata	葡萄	爬山虎	落叶藤本	分布北起吉林，南至广东	秋季叶色变橙黄或红色	6	10	喜阴、耐寒，对土壤及气候适应性很强，生长很快	扦插 播种	建筑物、围墙垂直绿化

续表

中名	学名	科	属	形态	原产分布	观赏特点	花期(月)	果期(月)	习性	繁殖	应用
五叶地锦	Parthenocissus quinquefolia	葡萄	爬山虎	落叶藤本	原产美国东部，我国分布很广	秋叶鲜红	7~8	9~10	耐寒，耐修剪，生长旺盛，攀援能力强	扦插播种	建筑物、围墙垂直绿化
美国凌霄	Campsis radicans	紫葳	凌霄	落叶藤本	原产北美洲，我国各地栽培	花橘红色	6~8	10~11	喜光，适应性强，喜湿润肥沃土壤	扦插播种	建筑物、围墙垂直绿化
金银花	Lonicera japonica	忍冬	忍冬	半常绿缠绕藤本	分布山东、河南、安徽等地	花白色、有香气，后变黄色	5~6	8~10	喜阳，亦能耐阴，耐寒，耐干旱和水湿	播种扦插	篱垣、廊架垂直绿化
西番莲(鸡蛋果)	Passionfora edulis f.	西番莲	西番莲	多年生攀援藤本	原产拉丁美洲	花钟形，稍有香气，花瓣浅粉红色	夏秋	夏秋	喜光，耐旱，忌积水，能耐-5℃的低温	扦插播种	花架、花廊
木通	Akebia quinata	木通	木通	落叶或半常绿藤本	原产我国东部，广布于长江流域各省	总状花序，雄花淡黄色，雌蕊暗紫色，小叶等	4	8	喜半阴，要求含腐殖质的酸性土或中性土壤	播种压条	栅栏、廊、棚栏
薜荔	Ficus pumila	桑	榕	常绿攀援或匍匐灌木	分布长江以南至广东、海南各省	叶片常绿，草质	4~5	9	喜温暖湿润气候，喜阴，耐旱	扦插压条	攀援岩坡、墙垣
毛竹	Phyllostachys edulis	禾本	刚竹	散生	原产我国秦岭、汉水流域至长江流域以南地区	挺拔常绿，枝叶婆娑，秀丽可爱	—	—	喜温暖、湿润及肥沃土壤，喜光，忌寒冷，忌风，忌渍，忌干燥	移母竹	庭园及风景区绿化
桂竹	Phyllostachys bambusoides	禾本	刚竹	散生	原产我国，分布江苏、浙江、陕西、广东、广西等地	挺拔常绿，枝叶婆娑，秀丽可爱	—	—	喜土层深厚肥沃的疏松土壤，在黏重土上生长较差	移母竹	庭园及风景区绿化
斑竹(湘妃竹)	Phyllostachys bambusoides f.	禾本	刚竹	散生	主产长江流域	竹秆上有紫褐色斑块和斑点	—	—	喜土层深厚肥沃的疏松土壤，在黏重土上生长较差	移母竹	庭园及风景区绿化
淡竹	Phyllostachys glauca	禾本	刚竹	散生	原产我国长江流域及河南、陕西、四川、甘肃、贵州等地	枝叶婆娑，秀丽可爱	—	—	喜土层深厚肥沃的疏松土壤，在黏重土上生长较差	移母竹	庭园及风景区绿化
黄金间碧玉竹	Bambusa vulgaris cv.	禾本	簕竹	散生	分布我国江苏、华南、西南、福建、台湾等省	竹黄色，分枝一侧的纵槽绿色	—	—	适应性强，喜温暖湿润气候及排水良好、湿润的土壤	移母竹	片植或丛植
早园竹	Phyllostachys violascens	禾本	刚竹	散生	分布华东、河南及北京等地	枝叶婆娑，秀丽可爱	—	—	耐寒，适应性较强，轻碱地、沙土及低洼地均能生长	移母竹	庭园及风景区绿化
紫竹	Phyllostachys nigra	禾本	刚竹	散生	分布黄河流域以南各省	幼秆绿色，一年后出现紫斑，最后变紫黑色	—	—	阳性，喜温暖湿润气候，稍耐寒	母竹分蔸	庭园绿化
孝顺竹	Bambusa multiplex	禾本	簕竹	丛生	原产我国，分布华南、西南直至长江中下游等地	翠叶绿秆，丛生茂密，十分秀丽	—	—	适应性强，喜温暖湿润气候及排水良好、湿润的土壤	母竹分蔸	庭园绿化
凤尾竹	Bambusa multiplex var.	禾本	簕竹	丛生	原产我国，分布华南、西南至长江流域一带	具有矮而细的竹秆和小型的羽状竹叶	—	—	适应性强，喜温暖湿润气候及排水良好、湿润的土壤	竹鞭分株	配置假山
菲白竹	Pleioblastus argenteastriatus	禾本	青篱竹	丛生	原产日本	叶片有不规则的明显白色纵条纹	—	—	耐阴湿，夏季怕炎热及烈日曝晒，喜排水良好的沙壤土	分株	绿篱、地被假山石
箬竹	Indocalamus tessellatus	禾本	箬竹	丛生	分布长江流域各省	叶片大	—	—	耐寒性较差，一般生于低丘山坡	母竹分蔸	地被植物及点缀山石

主要参考资料

[1] [美]莱威斯·黑尔.花卉及观赏树木简明修剪法.河北：河北科学技术出版社，1987.

[2] 上海市绿化管理局.园林绿化养护技术等级标准，2005.

[3] 祝遵凌、王瑞辉.园林植物栽培养护.北京：中国林业出版社，2005.

[4] 刁慧琴、居丽.花卉布置艺术：城市绿化造景丛书.南京：东南大学出版社，2001.

[5] [美] Leonard E. Phillips. 公园设计与管理.刘家辉译.北京：机械工业出版社，2003.

[6] 李尚志、杨常安、管秀兰、钱萍.水生植物与水体造景.上海：上海科学技术出版社，2007.

[7] 杨子琦、曹华国.园林植物病虫害防治图鉴.北京：中国林业出版社，2002.

[8] 丁梦然等.园林苗圃植物病虫害无公害防治.北京：中国农业出版社，2004.

[9] 南京市绿化委员会、南京市园林局编.柏桂华、段定仁、孙玉珍等.园林植物病虫害防治.南京：南京出版社，2000.